L'éolien
Pour qui souffle le vent ?

L'éolien
Pour qui souffle le vent?

Roméo Bouchard

Jean-Louis Chaumel
Pierre Dubuc
Paul Gipe
Gaétan Ruest
Gabriel Ste-Marie

LES ÉDITIONS
écosociété
MONTRÉAL

Révision : Valérie Lefebvre-Faucher
Typographie et mise en pages : Andréa Joseph [PageXpress]
Illustration de la couverture : Guadalupe Trejo
Correction : Véronique Pepin

© Les Éditions Écosociété, 2007
LES ÉDITIONS ÉCOSOCIÉTÉ
C.P. 32052, comptoir Saint-André
Montréal (Québec) H2L 4Y5
Dépôt légal : 2ᵉ trimestre 2007
ISBN 978-2-923165-31-8

Depuis les débuts, les Éditions Écosociété ont tenu à imprimer sur du papier contenant des pourcentages de fibres recyclées et post-consommation, variables selon la disponibilité du marché. En 2004, nous avons pris le virage du papier certifié *Éco-Logo – 100 % fibres post-consommation* entièrement traité sans chlore. De plus, afin de maximiser l'utilisation du papier, nos mises en pages ne comportent plus de pages blanches entre les chapitres.

Catalogage avant publication de Bibliothèque et Archives nationales du Québec et Bibliothèque et Archives Canada

Vedette principale au titre :

L'éolien : pour qui souffle le vent ?

(Actuels)

Comprend des réf. bibliogr.

ISBN 978-2-923165-31-8

1. Industrie éolienne – Québec (Province). 2. Énergie éolienne – Aspect de l'environnement – Québec (Province). 3. Énergie éolienne. I. Bouchard, Roméo. II. Chaumel, Jean-Louis.

HD9502.5.W553C3 2007   333.9'209714   C2007-940603-3

Nous remercions le Conseil des Arts du Canada de l'aide accordée à notre programme de publication. Nous reconnaissons l'aide financière du gouvernement du Canada par l'entremise du Programme d'aide au développement de l'industrie de l'édition (PADIE) pour nos activités d'édition.

Nous remercions le gouvernement du Québec de son soutien par l'entremise du Programme de crédits d'impôt pour l'édition de livres (gestion SODEC), et la SODEC pour son soutien financier.

TABLE DES MATIÈRES

Un vent de discorde

Roméo Bouchard

On voit bien que tu n'es pas expert en fait d'aventures : ce sont des géants, te dis-je ; si tu as peur, ôte-toi de là, et va te mettre en oraison pendant que je leur livrerai une inégale et terrible bataille.

Don Quichotte

L'INTENTION DU GOUVERNEMENT QUÉBÉCOIS de développer l'énergie éolienne, prioritairement en Gaspésie, est apparue d'emblée comme une victoire pour les défenseurs de l'énergie verte et un espoir pour les régions en difficulté. Le succès des développements éoliens au Danemark, en Allemagne et un peu partout dans le monde faisait déjà l'envie des groupes écologistes d'ici. Aussi, la stratégie énergétique adoptée en 2005 à la suite de l'abandon du projet de centrale au gaz du Suroît semblait marquer un virage inespéré du gouvernement et d'Hydro-Québec vers l'énergie propre et renouvelable.

Pour qui souffle le vent?

Moins de deux ans plus tard, les Gaspésiens et tous les Québécois découvrent avec stupéfaction que le modèle de développement éolien mis en place par le gouvernement et Hydro-Québec n'est ni plus ni moins qu'une trahison et une fraude scandaleuses. En plus de céder cette source d'énergie douce (et les milliards de profits qu'elle est appelée à générer) à des compagnies privées plutôt qu'à Hydro-Québec, la formule d'appel d'offres retenue par le ministère des Ressources naturelles livre les communautés régionales en pâture à ces compagnies et à leurs mégaprojets. Compagnies privées qui sont, au surplus, majoritairement situées à l'extérieur du Québec et qui, dans plusieurs cas, entretenaient déjà des liens avec Hydro-Québec: Trans-Canada, Sky Power, Northland Power, Cartier Énergie, Axor, etc.

Sans préavis, sans information, sans encadrement et sans soutien, les municipalités, les MRC, les citoyens et les agriculteurs se sont retrouvés du jour au lendemain confrontés aux projets gigantesques des promoteurs et aux tractations secrètes de leurs prospecteurs de vent. Cette ruée vers le vent déclenchée à la grandeur du Québec, qui attire des multinationales de partout dans le monde, se déroule dans la confusion et l'anarchie, aux dépens des communautés régionales. Celles-ci auront à subir pour des générations à venir les inconvénients de ces parcs, conçus sans autre critère que celui de décrocher la soumission au plus bas prix, grâce à l'octroi de redevances réduites au minimum – au départ moins de 1 % des revenus bruts anticipés. L'encadrement tardif proposé par le gouvernement, à la veille d'une campagne électorale, ne permettra nullement de modifier substantiellement un modèle qui favorise l'implantation de mégaparcs éoliens

en territoire habité, par des multinationales qui draine-
ront une grande partie des profits à l'extérieur du Québec
et laisseront sur place plus de nuisances que de retombées
positives.

Hydro-Québec trouve son compte dans ce système, qui
lui permet d'acheter des kilowatts à un coût inférieur à ce
qu'elle avait estimé qu'il lui coûterait de les produire elle-
même, soit environ 6,5 cents, alors qu'il en coûte plus de
8 cents en Ontario et près de 12 cents en Europe. Le gouvernement, de son côté, se réjouit de pouvoir ainsi offrir à
ses partenaires du privé une occasion de faire des affaires
d'or et de s'enrichir. Car l'éolien, c'est une grosse *business*
et de la grosse finance, chaque éolienne nécessitant un
investissement d'environ un million et demi de dollars.

Qui sème le vent récolte la tempête

Celles qui écopent, ce sont *les communautés régionales*,
à qui l'on pille une des dernières ressources naturelles qui
leur restait pour survivre, sans même leur donner les
moyens de participer à la course équitablement, les règles
du jeu ayant été faites sur mesure pour les grandes compagnies. Ce sont aussi *les municipalités et les MRC*, qui ont
été mises devant le fait accompli et forcées de réglementer,
sans information, sans outils, sans soutien et sans cadre
réglementaire de référence, et qui devront se débrouiller
avec ces installations exemptées de taxes sur leur territoire
et les obligations qui en découlent. Écopent également les
agriculteurs et les forestiers, divisés à cause des bénéfices
qu'on leur a fait miroiter, qui devront composer avec ces
géants mécaniques et leurs équipements lourds, ainsi que
les citoyens, les oiseaux et les animaux sauvages vivant
sur le territoire, qui devront subir ou fuir le bruit, les

basses fréquences, les altérations magnétiques et les impacts visuels dont on ignore presque tout, sauf que la présence par centaines de ces moulins à vent va modifier à jamais l'intégrité de milieux naturels de plus en plus rares. Des projets qui sèment la discorde et minent la cohésion sociale.

Les cris d'alarme n'ont pas tardé à se faire entendre de la part des communautés victimes des premiers projets. «On ne donne pas nos terres: maîtres chez nous!», scandaient les opposants lors de l'inauguration du parc de Baie-des-Sables, reprenant fort à propos le slogan de Lesage et Lévesque qui ont fait de la nationalisation de l'électricité le fer de lance de la reprise de contrôle de notre économie. L'ampleur de la spoliation est apparue au grand jour lors du colloque organisé à Rimouski par le maire d'Amqui, M. Gaétan Ruest, et le professeur Jean-Louis Chaumel de l'Université du Québec à Rimouski. Citoyens, municipalités, militants politiques et syndicaux, représentants des médias: tous ont déploré le manque d'encadrement, l'arbitraire et l'insuffisance des redevances locales et des retombées régionales. Tous questionnaient la décision de confier l'exploitation de cette nouvelle source d'électricité à des entreprises privées et étrangères plutôt qu'à Hydro-Québec. Les protestations se multiplient à mesure que de nouveaux projets voient le jour dans les autres régions du Québec. Ceux qui réalisent qu'ils ont été dupés exigent la réouverture des ententes qu'ils ont signées. Les premiers rapports du Bureau d'audiences publiques sur l'environnement (BAPE) rendus publics sont venus confirmer les inquiétudes des citoyens en reprochant aux projets concernés de n'obéir qu'à des «critères de disponibilité et de rentabilité économique sans tenir compte des avantages et désavantages écologiques et sociaux qui doivent faire partie d'un processus de développement durable». Le BAPE réclame que la population soit informée et consultée, que les impacts écologiques et sociaux soient sérieusement étudiés et qu'un encadrement national garantisse que les projets respecteront «la volonté des populations et la capacité d'accueil du milieu[1]».

Rattraper le vent

Il faut arrêter la machine avant qu'il ne soit trop tard et reprendre de toute urgence le contrôle de la filière éolienne. C'est l'objectif que poursuivent les collaborateurs de cette publication. Plongés dans l'action, ils acceptent généreusement de faire part dans ces pages de leur expérience, de leur expertise et de leurs convictions. Ils souhaitent que ce livre puisse aider les citoyens, les dirigeants régionaux et les responsables politiques à sortir de la confusion malsaine qui a été entretenue en haut lieu, en leur fournissant des outils pour bien comprendre les enjeux du développement éolien et en reprendre le contrôle.

Tout le monde est en faveur de l'énergie éolienne, une énergie douce, verte, propre, renouvelable au surplus, qui se prête naturellement à un développement démocratique et à un partenariat des communautés régionales et autochtones en difficulté économique, comme en fait foi l'expérience européenne. Il est inacceptable que nos dirigeants aient profité de ce préjugé favorable pour tenter de refiler

---

1. Bureau d'audiences publiques sur l'environnement, Rapport n° 233 (Parc éolien dans la MRC de Matane par le Groupe Axor inc., 2006, p. 2).

l'éolien en douce à l'entreprise privée, selon une formule qui favorise les mégaprojets industriels et l'opposition sociale. Et dire que la nationalisation de l'électricité est l'un de nos acquis les plus précieux et que nos régions périphériques sont en train de se vider !

Il ne faut pas répéter avec l'éolien les erreurs passées qui ont abouti au pillage et à la destruction de nos forêts, de nos réserves de poissons de fond, de nos mines, de nos sols et de nos rivières au profit d'entreprises étrangères, conduisant nos régions périphériques au bord de la ruine. On se scandalise volontiers que Duplessis ait donné notre minerai de fer de la Côte-Nord aux multinationales de l'acier pour 1 cent la tonne, mais on ne fait guère mieux aujourd'hui. Il ne faut pas accepter que le Québec et les Québécois, dans les régions périphériques particulièrement, se laissent une fois de plus dépouiller. Il est temps d'exiger un développement qui respecte l'environnement et les communautés.

Après avoir été les porteurs d'eau des occupants, les bûcherons et les draveurs des multinationales du papier, les rescapés des mines de fer, de cuivre et d'amiante, les équipages des grands chalutiers et dragueurs de nos fonds marins, faudra-t-il devenir les Don Quichotte condamnés à regarder tourner ces nouveaux moulins à vent, ou, pire encore, les ânes qui les font tourner ?

CHAPITRE PREMIER

L'énergie éolienne au Québec

Jean-Louis Chaumel,
professeur à l'Université du Québec à Rimouski

L'ÉNERGIE ÉOLIENNE a un grand avenir. Au Québec, elle constituera sans aucun doute un puissant levier de développement et même une fierté. Mais le Québec, pays jeune, apprend sur le tas. À quel prix? Aura-t-on sacrifié les populations, les paysages et les régions de l'Est pour mettre au point un modèle dont on réalise aujourd'hui qu'il était incomplet, improvisé et finalement dangereux?

Grandes et petites… les éoliennes

Car il y a de grandes éoliennes, mais aussi des petites. On peut, dans ce cas, les acheter presque n'importe où dans les grands magasins. Mais attention, assurez-vous qu'il y ait une garantie d'au moins 3 ans et n'installez pas l'éolienne trop près de votre voisin car la plupart des modèles font du bruit.

Les plus aventureux pourraient vouloir raccorder leur éolienne au réseau d'Hydro-Québec. Idée intéressante et désormais possible, mais malheureusement non rentable, compte tenu des crédits peu élevés qui sont accordés.

Les grandes éoliennes peuvent être installées en parcs, qui regroupent parfois jusqu'à 100 grandes machines.

Mais il y a aussi des agriculteurs, des municipalités ou des PME, par exemple un gros producteur en serres, qui décident d'en implanter une seule, pour eux. Ils réduisent ainsi leurs dépenses liées à l'énergie, et revendront l'excédent de leur production à Hydro-Québec.

Il y a des rêveurs qui imaginent des éoliennes de toutes sortes. Bien peu sont cependant arrivées au stade commercial.

Photo : Nelson Côté

Là où règnent les financiers

Le métier de l'éolien au Québec n'est pas un jeu pour les mécaniciens, les patenteux et autres inventeurs de machines tournoyant dans le ciel. Non, malgré les apparences, c'est en réalité une affaire de financiers, gestionnaires de fonds de pension, ou courtiers proches des bourses de Toronto ou de New York, associés aux pétrolières

– dont les profits sont si énormes qu'elles ne savent plus où les investir.

Le Québec a donné à ces individus un terrain de jeu inespéré. Libres de toute entrave, avec la bénédiction du gouvernement local, ils peuvent ratisser les terres du Québec à la recherche des meilleurs gisements. Car c'est comme cela que l'on appelle les lieux où le vent souffle : des gisements éoliens, comme on dirait d'une mine d'or. Ce n'est plus l'or blanc de l'hydroélectricité que l'on cherche, mais le vent. Et, par miracle, il n'appartient pas au peuple. Bien sûr, il faut s'installer sur des territoires, mais les terres dans l'Est du Québec sont si pauvres et les agriculteurs si peu familiers avec les affaires que c'est un jeu d'enfant. En outre, si les campagnes sont trop revendicatrices, on peut se rabattre sur les terres publiques. La liberté d'action y est totale, du moins tant qu'on ne s'approche pas trop des autochtones. Car eux savent se défendre, beaucoup mieux que les Blancs, semble-t-il. Usant de l'argument des terres ancestrales ils savent très bien faire valoir leurs droits, même dans les domaines où le gouvernement du Québec ne veut pas leur en accorder.

Ces financiers sont donc à la recherche de placements ayant évidemment le moins de risque possible, le meilleur rendement et le plus rapide retour sur investissement. Or, tous les ingrédients sont là au Québec, véritable Arabie Saoudite de l'éolien, à tout le moins dans le sens du « paradis fiscal » :

- la sécurité… totale

   Tout projet éolien est garanti par Hydro-Québec. Cette société d'État réputée a la stature d'un gouvernement et une cote de crédit irréprochable. À la vue d'un contrat de 25 ans avec Hydro-Québec, comme il y en a pour tous les parcs éoliens, tous les banquiers du monde se précipitent. En effet, Hydro-Québec cautionne totalement ces emprunts. Personne dans le monde n'offre des contrats aussi longs. Ailleurs, les sociétés acheteuses d'électricité verte signent plutôt pour 10 ans. Ici, au Québec, c'est moins cher, mais si sécuritaire et à si long terme que c'est une occasion unique pour tout investisseur qui cherche de bons placements à faire.

- le rendement

Une éolienne coûte très cher, soit plus de 2,5 millions de dollars. Mais elle rapporte aussi énormément, soit plus de 500 000 $ par année. Payée en 5 ans, au terme d'une période de garantie, elle offre à l'investisseur un retour exceptionnellement rapide, ce qui lui permettra d'ailleurs de revendre le parc éolien ensuite, et au plus vite. À ce sujet, M. Jean-François Thibodeau, vice-président de Boralex, déclarait à *La Presse* le 2 mars dernier : « la production d'énergie éolienne coûte cher, mais rapporte beaucoup : les marges (avant amortissement et financement) atteignent 85 %. »

- un gros contrat simple et rapide

Dans un contexte aussi sécuritaire que le marché du Québec, le plus gros projet est le meilleur et surtout le plus rentable. Il faut donc faire grand. D'ailleurs, Hydro-Québec elle-même est davantage habituée aux installations de grande ampleur et préfère discuter avec des « pros », comme General Electric, par exemple. Tout projet se mesure donc en centaines de millions de dollars. Toute autre approche est ignorée et on ne s'interroge pas du tout quant à l'effet de telles méga-usines à électricité sur les populations.

Environnement et populations : le moindre des soucis

Hydro-Québec avait prévu un certain cadre pour répondre aux appels d'offres. Il ne s'agit en fait que d'un calcul complexe de loyers à payer aux agriculteurs, dont le niveau est beaucoup trop faible. On peut s'étonner que l'Union des producteurs agricoles (UPA) n'ait pas réagi et ne se soit pas portée à la défense de ses membres, les agriculteurs, qui sont totalement abandonnés à eux-mêmes, sans information et avec la protection illusoire et insuffisante d'Hydro-Québec, que l'on croyait pourtant garante des intérêts des citoyens. Les municipalités, qui prétendent défendre les intérêts de leurs citoyens, ont non seulement cédé aux promoteurs privés, à des tarifs ridicules, des « droits d'invasion des communautés », mais elles ont parfois même frôlé le conflit d'intérêts. Plus récemment, les MRC de la région de Montréal ont, il est vrai, réagi et, s'inspirant des « erreurs » de l'Est de la province, commencé à organiser beaucoup mieux leurs rapports avec les financiers de l'éolien.

Quant aux contraintes devant protéger notamment l'environnement, elles se sont révélées mineures, alors que le Québec se targue pourtant d'être une des sociétés les plus vigilantes à cet égard.

Le redouté BAPE, par exemple, n'est apparu en réalité, dans le dossier éolien, que comme une commission d'arrière-garde qui intervient beaucoup trop tard et s'occupe davantage des oiseaux que des humains. Certaines audiences ont frisé la mascarade. Les projets sont même approuvés au préalable avant d'arriver sur le bureau des commissaires. Quant aux populations, celles de l'Est du Québec, appauvries par les catastrophes qui s'abattent dans ces régions (comme l'effondrement des secteurs des pêches et de la forêt), elles ont fondu sur ce petit pain. L'aubaine n'était qu'une illusion, mais soigneusement présentée par des experts en «vente à pression». Elle cachait de désagréables surprises. Ce n'est qu'un peu plus tard, en effet, que l'on apprit l'incroyable écart de 2 000 à 10 000 $ entre les loyers payés aux agriculteurs gaspésiens et ceux que l'on paye à Montréal ou en Ontario[2], alors même que les éoliennes installées au sud rapportent moins d'argent puisque le vent y est nettement plus faible. C'est d'ailleurs exactement la même chose au niveau municipal, où les redevances promises ont été également très limitées, du moins pour les premiers 1 000 MW installés. Dans le cas de Murdochville, elles sont même carrément inexistantes. Or, un parc éolien est assimilable à une usine d'électricité; il entraînera tôt ou tard, pour le milieu municipal, des charges et des coûts beaucoup plus considérables que les maigres revenus qu'il pourra en tirer. Le réveil sera brutal, encore une fois.

Divisées, souvent mises en opposition, les populations et communautés ont été des proies très faciles pour les négociateurs chevronnés, bardés d'experts, qui se sont infiltrés chez elles, faisant miroiter à des gens absolument démunis en information des aubaines qui, avec le temps, se révèlent être au contraire source de frustrations et de malaises.

---

2.   Une information dévoilée par l'émission télévisée *La Facture*, de Radio-Canada.

Éoliennes industrielles (importées)

Les grandes éoliennes d'aujourd'hui ont en moyenne une capacité de 1,5 MW et peuvent atteindre 3 ou 4 MW. Les plus grosses, à elles seules, peuvent alimenter une petite ville… mais seulement quand il y a du vent!

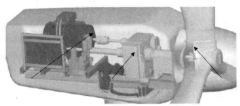

la génératrice   le multiplicateur de vitesse   le nez de l'éolienne et son rotor

Avec ou sans multiplicateur

Il existe en réalité deux types de technologie éolienne : avec multiplicateur et sans. Dans ce dernier cas, on les appelle « à attaque directe ». Ce sont des machines moins complexes sur le plan mécanique mais plus sophistiquées au niveau électronique. Au Québec et au Canada, à cause du climat froid, on a tendance à préférer les éoliennes sans boîte de vitesse. Toutefois, la plupart des fabricants n'offrent, pour le moment, que des éoliennes conventionnelles, avec multiplicateur de vitesse

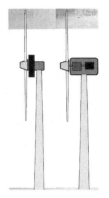

Sans   Avec
multiplicateur   multiplicateur

À qui la faute ?

Étrangement, on ne trouve personne que l'on puisse aisé-
ment dénoncer. C'est toute la société québécoise qui doit
se remettre en question. Les décisions ont été prises au
gouvernement, sans que personne n'ait été consulté. La
question du développement et du rôle des régions a été,
une nouvelle fois, évacuée ou ignorée. (Sauf pour calmer
en apparence les inquiétudes gaspésiennes avec deux
usines de composants.) L'objectif était de faire taire les
environnementalistes montréalais. Le reste n'avait guère
d'importance. Nous avons tous cautionné en silence ce jeu
dangereux.

Au fond, il n'y a pas eu d'obstruction : le gouvernement
a donné les grandes directives[3] ; Hydro-Québec a appliqué
strictement les ordres ; les grands investisseurs ontariens
sont entrés, dans le désordre, mais par la porte qu'on leur
avait grande ouverte, en utilisant les méthodes bien nor-
males du milieu des affaires ; l'UPA n'a pas jugé bon de se
mêler de ces contrats entre privés ; les éoliennes ont été
achetées à des fabricants réputés et empaquetées depuis
l'Europe sans qu'on puisse y voir quoi que ce soit ; les universités n'avaient aucune expertise ; les Gaspésiens étaient
contents avec leurs deux usines de tours et de pales... Bref,
chacun avait raison. Collectivement toutefois, c'est une
autre histoire.

---

3.   Pour plus de détails sur la filière éolienne québécoise telle que
      définie par le gouvernement du Québec et les appels d'offres
      d'Hydro-Québec (historique, modèle, appels d'offres, critères
      d'évaluation, promoteurs, projets), consulter l'annexe 2.

Même les intellectuels, les partis d'opposition, les médias ou les universités, ceux qui ont le savoir et les connaissances, n'ont pas réagi et pourraient aujourd'hui être accusés de «non assistance à personne en danger». Car, au fond, la seule chose qu'il importait de faire était simple: diffuser de l'information. Ce ne fut pas fait, à l'évidence. Encore tout récemment, les difficultés considérables rencontrées par un auteur d'un blogue sur l'énergie éolienne ont illustré l'état lamentable du déséquilibre de l'information. Menacé, surveillé par la police et les organismes d'état, l'initiateur de cet outil innovateur de partage d'information et de connaissances a finalement dû battre en retraite. C'est là, malgré les maladresses de l'initiative, un bien sombre message.

L'acceptation sociale : subite révélation

On a donc réalisé que quelque chose ne tournait pas rond. Lors des audiences du BAPE à Murdochville, on s'est battu à coups d'experts, et pendant deux jours, pour protéger... la grive de Bicknel, adorable volatile qui niche dans les montagnes des Chic-Chocs. Des habitants de Murdochville qui se trouveraient encerclés d'éoliennes, il n'y a pas eu un mot. Puis, vinrent les crises : la naissance de Éole-prudence, les ratés de SkyPower dans la région de Rivière-du-Loup, etc. Ces mouvements, totalement imprévus dans les grands centres de Montréal et Québec, ont forcé le gouvernement et Hydro-Québec à réagir. La société d'État a confié à l'UQAR un mandat de 10 ans, subventionné, pour développer des «modèles d'acceptabilité sociale pour les projets éoliens». Le gouvernement envisagea de son côté d'accélérer les consultations et d'envoyer des conseillers. Mais ces interventions demeurent vagues, trop lentes et trop tardives, pour résoudre les problèmes bien concrets de populations qui doivent rapidement renforcer leur pouvoir de négociation, se regrouper, s'informer et construire de véritables alternatives ou projets.

Raccordement au réseau d'Hydro-Québec

Pour raccorder le courant produit par les éoliennes au réseau d'Hydro-Québec, il faut d'abord en relever le niveau de voltage, ce qui se fait dans un poste élévateur relié à une ou plusieurs éoliennes par des fils généralement souterrains. Une ligne relie ensuite le poste élévateur au réseau de transport d'Hydro-Québec.

La possibilité de développements éoliens dans une région dépend donc étroitement de la capacité du réseau de transport d'Hydro-Québec dans la région concernée.

La capacité disponible sur le réseau de transport pour le Bas-Saint-Laurent et la Gaspésie était évaluée à 500 MW en 2005. Il y a présentement des projets pour plus de 2 000 MW au Bas-Saint-Laurent seulement. Comme Hydro-Québec n'a pas réservé de quota pour les projets communautaires, on est en droit de s'inquiéter du sort qui sera réservé à ces projets.

Derrière cette notion assez mystérieuse d'acceptabilité sociale se cache finalement une réalité bien simple : l'argent. Ou, plus exactement, le besoin légitime d'un partage équitable de la richesse, mais aussi des nuisances que génèrent ces richesses, nuisances qui sont jusqu'à maintenant gigantesques. François Pélissier, initiateur de parcs éoliens communautaires en France, utilise pour décrire ce problème la simple phrase : partage des paysages = partage des revenus.

Les questions à résoudre sont donc presque comptables. Quels sont les profits réels? Quels revenus pour les communautés peuvent être considérés comme justes et au prix du marché? Peut-on investir localement, et jusqu'où sans risque? Où sont les banquiers compétents? A-t-on des droits sur le vent? Comment partager avec l'État les revenus des éoliennes? Comment une municipalité peut-elle redistribuer à ses citoyens les revenus issus des projets éoliens? Dans les campagnes du Québec, tout le monde vous le dira. La question sur toutes les lèvres est «Combien ça paye?» On a ridiculisé dans les médias montréalais cette attitude jugée trop terre à terre. Mais elle reflète pourtant la vraie préoccupation des citoyens, le véritable enjeu qui fait, un jour, exploser les communautés les plus calmes: une injustice profonde. Il s'agit de l'écart entre, d'une part, les immenses revenus que capturent ces grands investisseurs, sans aucun risque, avec l'aide des Québécois et, d'autre part, la lutte pour la survie du «petit peuple» des campagnes, des communautés régionales. Il faudra bien en arriver à un accommodement raisonnable entre ces parties. La solution est aussi simple que cela, et réalisable. L'acceptation sociale se fera à ce prix, et ni les savants calculs des sociologues ni les recherches sophistiquées sur les infrasons ne pourront rien tant que l'on n'atteindra pas, d'abord et au plus vite, un meilleur équilibre économique entre grands et petits, entre riches et pauvres. Le gouvernement a bien compris la menace en décrétant tout récemment, dans un geste plus symbolique qu'efficace, une sorte de salaire minimum éolien pour agriculteur, avec le taux de 2 500 $ par éolienne.

Le boom des coopératives : symptôme davantage que solution idéale

Tout a été fait pour interdire aux communautés de s'impliquer adéquatement dans l'exploitation de cette richesse éolienne et dans sa valorisation au profit, notamment, des citoyens locaux. Les appels d'offres annoncés ne concernent que de très grands projets et empêchent, à toute fin pratique, toute initiative concertée régionale. Dans un discours étonnant de similitude, les grands investisseurs, les sociétés d'ingénierie et le gouvernement ont argumenté que les projets de moyenne taille n'étaient pas rentables, que les risques d'engagement des municipalités étaient trop lourds pour les contribuables, que les compétences n'existaient pas en région, etc. Tout ceci est faux, mais il serait trop long ici de contredire point par point ces affirmations.

Ne pouvant compter que sur une vague promesse d'appels d'offres communautaires, qui relègue en réalité à 2012 la première éolienne possible pour une communauté, les municipalités et groupes d'agriculteurs, pressés par le besoin de mieux contrôler leur avenir, n'avaient d'autre choix que d'avancer. Mais comment faire ? Le défi est énorme. Il faut d'abord récupérer et partager de l'information, se doter d'experts, trouver ces services à moindre coût, cotiser et regrouper des fonds, trouver des investisseurs, adopter une structure d'entreprise. Le mouvement coopératif est apparu comme le plus simple, le mieux organisé et le mieux adapté culturellement pour répondre à ces communautés.

On aurait pu tout aussi bien s'orienter vers d'autres modes de regroupement et d'implication. D'ailleurs, la région montréalaise se dirige davantage vers des partenariats d'affaires. On constate donc que l'émergence accélérée de ces coopératives n'est que le symptôme d'un phénomène plus profond, que certains ont appelé nationalisation, et qui n'est ni plus ni moins que l'une des voies possibles pour une région, un groupe de citoyens ou de municipalités, pour reconquérir une certaine autonomie de développement et un contrôle de leur économie. Les promoteurs privés auraient pu, et peuvent encore, démarrer eux-mêmes des modes de partenariat avec les communautés qui offriraient à tous des solutions équitables et des occasions de négociation saine. Il faut donc souhaiter, plutôt qu'un modèle unique de coopératives, que d'autres types de projets

---

Les Québécois se lancent à leur tour dans la fabrication d'éoliennes

Les coopératives éoliennes du Québec ont regroupé une dizaine d'entreprises, acquis des droits de fabrication d'une éolienne hollandaise éprouvée puis décidé de la fabriquer entièrement ici, au Québec. Plus audacieuse encore est leur décision de fabriquer le nez (ou « hub ») de l'éolienne en aluminium. Ils utilisent ainsi l'aluminium produit largement par exemple à l'usine Alouette de Sept-Îles. C'est une première mondiale, car cette pièce très délicate, qui supporte les pales, était fabriquée jusqu'ici dans des fonderies en Chine, au Brésil ou en Espagne.

conjoints et de négociation privé-communauté se développent, conformément aux besoins et à la culture de chaque communauté ou même de chaque développeur.

La maîtrise de la fabrication des éoliennes : enjeu ultime d'un Québec qui se développe en éolien

Non seulement le Québec était-il jusqu'à tout récemment totalement dominé par de puissants investisseurs étrangers, mais la technologie lui était intégralement imposée de l'Europe, avec tous les risques qu'un tel transfert technologique comporte dans un climat aussi particulier que le nôtre. Dans ce contexte, la marge de manœuvre qui reste est effectivement très réduite. On peut bien tenter de négocier tout ce que l'on veut comme redevances ou loyers, mais il ne s'agit là que d'un pourcentage infime de l'enjeu socio-économique global d'un projet éolien, soit moins de 5 % de sa valeur. Poursuivre dans ce contexte est sans issue pour le Québec et surtout pour les régions. En aucune façon l'énergie éolienne ne pourra être un outil structurant de développement, ni pour les communautés ni pour les régions ni pour le Québec, sans un accroissement considérable de la maîtrise de la technologie.

Heureusement, il semble que l'on ait enfin pris conscience de cette aberration. Là encore, ce ne sont ni de l'État ni d'Hydro-Québec que sont venues les idées, mais des communautés elles-mêmes et du secteur privé québécois. L'implication de la firme AAER dans la construction d'éoliennes, puis celle du groupe Delom dans la fabrication de génératrices et, plus récemment, le regroupement de huit entreprises pour réaliser une éolienne complète au Québec sont les premiers pas vers cet objectif qu'il est devenu urgent et indispensable d'atteindre.

Car les retombées dans les régions, lorsqu'on les réduit à la question des strictes redevances, sont minuscules et le débat, bien trop limité. La création d'emplois à long terme est possible, légitime et nécessaire. Elle ne peut néanmoins s'envisager et se réaliser que si le Québec cesse de dépendre exclusivement des importations de ces machines – une attitude qui constitue un véritable suicide industriel. Avec plus de 2 000 éoliennes à construire dans les prochaines années et des technologies uniques à développer, le Québec devait réagir et les régions, encore une fois, craignant la glissade vers Montréal de ces développements industriels, ont innové avec le concept coopératif industriel, qui réunit des PME dans un seul fabricant[4].

L'apparence des tours

On peut tout à fait varier l'apparence des éoliennes. Seule notre imagination nous contraint à certaines apparences.

Les tours elles mêmes peuvent être de diverses formes. Un regroupement coopératif québécois projette même de relancer certaines entreprises forestières en fabricant des tours en bois. C'est possible, même pour de grandes éoliennes.

Éolienne à tour de bois. Gracieuseté du service de formation continue, J. L., Chaumel, UQAR.

---

4.   Ce n'est rien de bien nouveau d'ailleurs : l'entreprise Ecotecnia, très important fabricant d'éoliennes dans le monde, a procédé de cette façon en Espagne, en étant elle aussi une coopérative de fabrication.

	« Vieil es » éoliennes des premier parcs éoliens de St. Ulric et Cap Chat	Éoliennes modernes typiques des parcs de Murdochville ou Baie des Sables	Éoliennes prévues par les fabricants et développeurs étrangers à partir de 2010	Éoliennes choisies par les coopératives et fabriquées au Québec
Durée de vie promise	25 ans	20 à 25 ans	20 ans	20 ans
Problèmes observés	multiplicateur surtout	roulements, certains composants électroniques, génératrice	–	–
Âge de ces éoliennes en 2007	9 ans	5 mois à 1 an 1/2	–	–
Durée de vie réelle estimée sans ré-investisse-ment majeur et en exploi-tation au Québec (*froid, vents forts*)	15 ans	15 ans	15 ans	15 ans (propositions à venir)

	«Vieilles» éoliennes des premier parcs éoliens de St. Ulric et Cap Chat	Éoliennes modernes typiques des parcs de Murdochville ou Baie des Sables	Éoliennes prévues par les fabricants et développeurs étrangers à partir de 2010	Éoliennes choisies par les coopératives et fabriquées au Québec
Durée de vie promise	25 ans	20 à 25 ans	20 ans	20 ans
Problèmes observés	multiplicateur surtout	roulements, certains composants électroniques, génératrice	–	–
Âge de ces éoliennes en 2007	9 ans	5 mois à 1 an 1/2	–	–
Durée de vie réelle estimée sans ré-investisse-ment majeur et en exploi-tation au Québec (*froid, vents forts*)	15 ans	15 ans	15 ans	15 ans (propositions à venir)

Chapitre 2

Le vent, une énergie douce… oui et non

Les impacts sur l'environnement et le milieu

Roméo Bouchard
Avec la collaboration de Steeve Gendron et Isabelle Thériault,
du Conseil régional de l'environnement du Bas-Saint-Laurent

Le Rapport du BAPE sur le projet de parc éolien dans la MRC de Matane (Rapport n° 233) rappelle que le développement durable exige que les projets ne tiennent pas seulement compte de la « disponibilité du matériel et de leur rentabilité économique », mais également de leurs « avantages et désavantages écologiques et sociaux », ainsi que « de la volonté de la population et de la capacité d'accueil du milieu ».

À première vue, l'énergie éolienne semble une énergie douce, propre, renouvelable, donc écologique et durable. Mais si on y regarde de plus près, on constate que les contraintes et les impacts que les parcs éoliens mis en place présentement exerceront sur le territoire pourraient être considérables. Ces nouveaux moulins à vent sont des monstres mécaniques de 120 mètres de haut utilisant chacun plusieurs centaines de tonnes de matériaux. De plus, on projette la réalisation de parcs d'envergure industrielle et relativement rapprochés qui, ensemble, regrouperont des centaines de tours. Il y a des projets pour plus de 1 000 éoliennes entre Rivière-du-Loup et Gaspé. Il y a donc, comme plusieurs l'ont souligné, un important effet cumulatif qui doit être pris en cause. Sans exagérer l'impact de ces installations sur l'environnement et le milieu – qui demeure limité si on le compare à celui d'autres filières de production d'électricité –, il est important de prendre au sérieux les inconvénients qui peuvent en résulter pour les populations et les milieux d'accueil, d'autant plus qu'il est possible, dans la plupart des cas, de les éviter ou les réduire. Il y a là plus qu'une vulgaire manifestation du syndrome du «pas dans ma cour». Il ne fait aucun doute que les développements éoliens en cours, particulièrement dans l'Est du Québec, risquent de modifier pour toujours l'intégrité d'espaces naturels et communautaires de plus en plus rares et recherchés, à moins que l'on n'exerce un contrôle rigoureux de leur implantation.

On a reproché avec raison au gouvernement d'avoir lancé l'opération sans proposer l'encadrement nécessaire et sans fournir aux MRC, qui sont responsables de l'aménagement de leur territoire, les outils et les moyens pour planifier le développement éolien sur leur territoire et en réglementer l'implantation, de façon à en assurer une intégration respectueuse de l'environnement. Le 9 février 2007, à la veille d'une campagne électorale, le ministère des Affaires municipales a finalement déposé les orientations du gouvernement en matière d'aménagement pour un développement durable de l'énergie éolienne. Ces orientations viennent évidemment trop tard pour les projets déjà approuvés (1 500 MW). De plus, le report de quatre mois de l'échéance des soumissions pour le deuxième appel d'offres n'est évidemment pas suffisant pour permettre aux MRC de faire convenablement tout le travail qu'on leur demande de faire. Elles devront en effet effectuer les tâches suivantes : consultation et information publique, caractérisation du territoire (gisements éoliens, milieux vulnérables, espèces vulnérables, unités de paysage, intégration paysagère, intégration des usages, exigences du développement durable, etc.), planification et élaboration d'une stratégie du développement éolien sur tout le territoire concerné, adoption d'une réglementation appropriée, négociation transparente avec les promoteurs, etc.

Une fois de plus, nos dirigeants politiques se contentent de jouer les gérants d'estrade.

Pour prévenir les dommages à l'environnement et les nuisances qui peuvent affecter les milieux d'accueil, plusieurs outils sont tout de même disponibles. Le Conseil régional de l'environnement du Bas-Saint-Laurent a préparé, pour sa part, un guide très précis à l'intention principalement des municipalités et des MRC qui ont à réglementer les parcs éoliens. Ce guide, les recommandations des différents rapports du BAPE sur les parcs éoliens de la Gaspésie, les orientations gouvernementales et les guides d'implantation d'éoliennes sur les terres publiques proposés par le ministère des Ressources naturelles permettent de mieux connaître les problèmes répertoriés et les solutions possibles. En voici les principaux.

Déchets

Les éoliennes que l'on construit présentement sont composées d'une tour d'acier de 80 tonnes, d'une nacelle (tête) et de pales en fibre de verre et polymère (pesant respecti-vement 50 et 5 tonnes chacune), d'une base de 275 m^3 de béton et de fils aériens ou enfouis. Le générateur d'une éolienne utilise 300 litres d'huile qui doivent être vidangés régulièrement et le poste élévateur pour un parc de 200 MW utilise 60 000 litres d'huile. Ces matières représentent autant de déchets et de débris dont il faut disposer lors de la construction, de l'entretien, des accidents de parcours et, surtout, lors du démantèlement. Des phytocides ris-quent aussi d'être utilisés pour détruire ou entretenir la végétation sur les sites et le long des routes.

Plusieurs de ces déchets sont potentiellement dange-reux et susceptibles de contaminer l'environnement, par exemple les huiles et les phytocides, ou les matériaux com-posites de la nacelle et des pâles dans certaines conditions (après un sinistre, par exemple).

Il est donc souhaitable que des mesures soient introdui-tes dans la réglementation municipale et les contrats de location pour assurer que les bonnes pratiques de construc-tion soient respectées, que la disposition des matières rési-duelles et dangereuses soit planifiée, que les opérations de démantèlement (pour lesquelles on exige maintenant des promoteurs un fonds en fiducie) soient effectuées correcte-ment, que l'usage des alternatives telles que le déboisement mécanique ou les huiles écologiques soit encouragé.

Dommages aux sols

La construction et l'entretien des parcs nécessitent l'aména-gement de sites, de routes, de lignes aériennes ou enfouies, d'aires d'entreposage et de montage. L'aire de montage exige à elle seule un demi-hectare (5 000 m^2). Ces travaux entraînent un compactage des sols, des déboisements et une altération des fonctions naturelles de ces espaces.

Une réglementation adéquate peut permettre de limiter les superficies utilisées et la largeur des chemins ; d'exiger la restauration des lieux ; de tenir compte des périodes de dégel, de sécheresse ou de détrempage. Le choix d'équipements de transport et de techniques de montage adéquats pourrait aussi aider à réduire les surfaces requises.

Les cours d'eau et les milieux humides

Les travaux de construction de ponts et de routes, de dynamitage, d'excavation et de nivelage, s'ils ne respectent pas les écosystèmes touchés, peuvent affecter sérieusement les cours d'eau, les milieux humides, les puits et les prises d'eau.

La faune

L'installation d'un parc éolien provoque des modifications et des dérangements multiples dans l'habitat de la faune qui s'y trouve, notamment l'élévation du niveau sonore dû aux travaux de chantier, à l'augmentation de la circulation et au fonctionnement des éoliennes. Nous ne disposons malheureusement pas d'inventaires systématiques de la faune et des espèces vulnérables vivant sur les sites proposés ou acceptés. L'arrivée des éoliennes doit nous inciter, citoyens, promoteurs et autorités concernés, à entreprendre collectivement cet inventaire, à exercer une précaution dans la planification des sites futurs et un suivi sur les sites en fonction, de façon à définir de mieux en mieux les zones de conservation et les mesures de protection souhaitables.

Les oiseaux et les chauve-souris

Le danger que représentent les éoliennes pour les oiseaux et les chauve-souris constitue l'une des principales inquiétudes au plan écologique. Le fleuve et la région côtière forment un corridor de migration important pour de nombreuses espèces vulnérables dans l'est de l'Amérique du Nord.

Toute implantation de parc éolien en bordure du littoral du Bas-Saint-Laurent et de la Gaspésie engendre pour cette raison des inquiétudes majeures en ce qui concerne la préservation de la biodiversité de la faune ailée.

Les aires de nidification des oiseaux et les aires d'hibernation des chauve-souris constituent aussi sur ce plan des sites vulnérables, d'autant plus pour les espèces en péril ou en déclin. Les éoliennes, surtout si elles sont présentes en grand nombre et mal localisées, entraînent inévitablement de nombreux dérangements dans l'habitat de certaines espèces. Des études ont démontré que les éoliennes obligent les oiseaux migrateurs à modifier leur itinéraire. On rapporte en général peu de blessures et de morts, mais il faut dire qu'il existe des problèmes méthodologiques pour réaliser les inventaires et les suivis. Ce qui est certain, c'est qu'on connaît mal les effets qu'auront l'ensemble des parcs projetés sur les populations d'oiseaux qui vivent dans ces habitats, ainsi que sur leur migration. Par exemple, certains biologistes du Service canadien de la faune s'inquiètent de ce qui pourrait arriver aux grandes volées d'oies blanches en cas de brouillard dans la région de Rivière-du-Loup. Les chauve-souris semblent particulièrement à risque, compte tenu du fait que, lors de leur migration, elles n'utilisent apparemment pas le système d'écholocation leur permettant normalement de localiser les strutures et de les éviter. De plus, elles pourraient être plus sensibles aux infrasons et être plus facilement entraînées vers les nacelles pour y capturer les insectes attirés par la chaleur qui s'en dégage.

Même si sur ce point comme sur plusieurs autres nos connaissances sont insuffisantes et doivent être complétées par des observations et un suivi attentif dans les parcs installés, les responsables de la faune suggèrent de ne pas ériger d'éoliennes dans un corridor de 5 km le long du fleuve. En fait, il importe d'acquérir plus de connaissances afin de déterminer la localisation optimale des futurs parcs éoliens et d'appliquer des mesures de protection appropriées, ce qui n'est pas simple lorsque les éoliennes sont situées sur des terres privées. Ajoutons qu'il est recommandé de n'utiliser que des tours longitudinales et tubulaires plutôt que celles à hauban ou treillis, d'enfouir les fils de transmission et d'effectuer les travaux hors des périodes de reproduction.

Le BAPE insiste sur le fait que les responsables de la faune doivent pouvoir intervenir avant que les plans soient élaborés et que le choix des sites soit négocié. Il existe, pour protéger les habitats fauniques, les oiseaux migrateurs, les espèces menacées et les aires de conservation, de nombreuses règles internationales, nationales et provinciales, qui ne sont malheureusement pas faciles à appliquer sur les terres du domaine privé. Outre le corpus de lois et règlements du ministère des Ressources naturelles et de la Faune, mentionnons le *Plan gouvernemental 2004-2007 sur la diversité biologique et la Convention internationale concernant les oiseaux migrateurs*, ratifiée par le Canada (Loi de 1994), ainsi qu'un guide publié par Environnement Canada pour baliser les évaluations d'impact et le choix de l'emplacement d'un parc éolien en fonction des risques de mortalité d'oiseaux[5]. Enfin, et cela est important, sur les terres du domaine privé, les gouvernements municipaux ont aussi des pouvoirs pour définir des aires de conservation et d'exclusion.

Le paysage

Éoliennes à Cap-Chat. Gracieuseté du service de formation continue, J. L. Chaumel, UQAR.

L'impact visuel des parcs éoliens est indéniable. Leur nouveauté peut représenter un attrait pour les curieux, mais il est sûr que si ces parcs ne sont pas adéquatement intégrés au paysage, leur effet visuel cumulatif peut être dévastateur. On ne peut s'empêcher de faire référence au réseau de «poteaux électriques» toujours présent le long des routes et au cœur des villages. Chaque éolienne équivaut en hauteur à un édifice de 23 étages. Si elles sont mal localisées et mal réparties sur le territoire, leur impact visuel est difficilement acceptable pour les communautés affectées. «L'envergure de ces équipements est telle, écrit

---

5.   Voir les références en fin de volume.

André Bourassa, président de l'Ordre des architectes du Québec, que leur intégration dans le paysage doit faire l'objet d'une réflexion suivie d'une réglementation municipale et, préférablement, d'une réglementation de la MRC[6]. » Selon M. Bourassa, d'ici à ce qu'une telle réglementation soit adoptée, un moratoire s'impose.

Le paysage est un patrimoine qui joue un rôle important dans la qualité de vie des communautés, puisqu'il est leur cadre de vie et leur lien physique au milieu. Il est aussi de plus en plus, dans de nombreuses régions comme celles de la Gaspésie et du Bas-Saint-Laurent, une valeur économique de premier plan pour l'industrie récréo-touristique. Le modèle de développement éolien par des promoteurs industriels plutôt que par des petites communautés ou des individus comporte plus de risques pour les paysages. On ne pourra éviter les conflits et les dommages si on laisse carte blanche aux promoteurs dans le choix de la localisation et de la disposition des parcs.

L'encadrement proposé par le gouvernement consiste essentiellement à déléguer aux élus locaux le travail complexe de caractérisation des paysages et d'intégration paysagère des développements éoliens. Les outils annoncés sont souvent introuvables. Le gouvernement tarde toujours à définir les aires (forêts, rivières, écosystèmes, paysages) qui doivent être protégées au Québec. Les autorités municipales, par les schémas d'aménagement, les règlements de contrôle intérimaire (RCI) et les Plans d'intégration architecturale (PIA) peuvent et doivent protéger l'intégrité des paysages habités et naturels, plus particulièrement le champ visuel des corridors touristiques et patrimoniaux et

---

6. *Le Devoir*, 5 octobre 2006.

des espaces résidentiels. Pour réaliser l'étude de caractérisation des paysages qui doit servir de base pour protéger des territoires spécifiques, ils peuvent s'inspirer du *Guide pour la réalisation d'une étude d'intégration et d'harmonisation paysagères dans un projet d'implantation de parcs éoliens en territoire public*, de même que du *Plan régional de développement du territoire public, volet éolien, Gaspésie et MRC de Matane* disponibles au ministère des Ressources naturelles et de la Faune. L'équivalent pour le Bas-Saint-Laurent devrait également être disponible sous peu.

Sur ce point comme plusieurs autres, on doit tenir compte des populations locales qui sont attachées à la beauté de leur milieu de vie. Le BAPE dit même qu'on doit pouvoir « respecter la volonté de la population et la capacité d'accueil du milieu ». Après tout, ce sont ces communautés qui auront à vivre quotidiennement avec les inconvénients de ces machines qui tournent sans fin.

Le bruit, les infrasons, les ondes et l'effet stroboscopique

On discute beaucoup de l'impact sonore des éoliennes. Les éoliennes récentes font moins de bruit que les anciennes : elles tournent moins vite, les nacelles sont capitonnées et les engrenages, plus silencieux. Il faut en tenir compte lorsqu'on réfère à des études antérieures sur le sujet. Dans un premier temps, si l'on s'approche d'installations récentes, le bruit semble négligeable. Le gouvernement a fixé une limite de 45 décibels le jour et 40 la nuit, estimant qu'il s'agissait du bruit ambiant d'une maison ou d'une rue calme la nuit. Les études d'impact des promoteurs prétendent qu'à une distance de 500 m, le bruit perçu est négligeable. Au dire de ceux qui vivent avec une éolienne près de chez eux, il semble que ce soit un peu plus compliqué.

L'effet de la constance du bruit et des vibrations à basses fréquences, même imperceptibles, n'a pas été étudié de près mais ne serait pas insignifiant. Encore là, des recherches seraient nécessaires. Un tel mandat pourrait être confié à l'Institut national de santé publique du Québec.

À ces nuisances s'ajoute la possibilité, selon la disposition des tours, de brouillage des ondes et micro-ondes qui transmettent les signaux de radiodiffusion, de télédiffusion et de télécommunication, ainsi que l'effet stroboscopique produit par les pales lorsqu'elles tournent dans la lumière du soleil.

Pour toutes ces raisons, plusieurs estiment qu'il faut le plus possible écarter les grands parcs éoliens des zones habitées. Malheureusement, le modèle d'appel d'offres ouvert aux grandes firmes privées, non seulement ne pose aucune limite à la taille des parcs en milieu habité, mais favorise la multiplication de mégaparcs dans ces milieux plus accessibles aux grands promoteurs. Jusqu'où permettra-t-on aux MRC de limiter la taille des parcs en milieu habité sans les accuser de restreindre indûment le développement éolien, comme on l'a fait avec les réglementations concernant l'industrie porcine ? La distance de 350 à 500 m que l'on respecte actuellement (l'équivalent de 3 ou 4 fois la hauteur de la tour) n'est peut-être pas suffisante ; et les règles à suivre dans la disposition des tours, pas assez précises. Les effets du bruit devront faire l'objet d'un suivi attentif de la part des responsables de la santé. Dans certains cas, comme lorsqu'un signal télévisuel est perturbé, les promoteurs devraient défrayer l'installation d'un signal satellite.

Le respect des autres usages et des communautés

L'implantation des nouveaux parcs éoliens doit se faire dans le respect des autres usages existants : les communautés résidentes, l'agriculture, l'activité forestière, le tourisme, le plein air, les habitats naturels. Hydro-Québec a préparé à ce sujet un *Cadre de référence relatif à l'aménagement de parcs éoliens en milieu agricole et forestier*. La cohabitation harmonieuse avec l'ensemble des usages du territoire est une condition essentielle de l'acceptabilité sociale des projets.

L'information et la consultation en sont une autre. Tous les rapports du BAPE le confirment.

Un développement durable, socialement acceptable, ne peut se réaliser qu'avec la participation et le consentement des populations. Et ces rapports précisent que cette transparence envers les populations concernées a jusqu'ici fait entièrement défaut. Le développement éolien se réalise en milieu habité. Il est urgent que le gouvernement et les autorités municipales exigent un processus d'information et de consultation au cours de l'élaboration des projets, pour éviter que tout le monde se retrouve devant le fait accompli, sans possibilité de faire changer les plans à moins de luttes coûteuses et décevantes. Les récentes orientations proposées par le gouvernement incitent les municipalités et les promoteurs à faire des efforts dans ce domaine, mais elles ne les y obligent pas et, surtout, elles ne leur fournissent pas les moyens financiers ni même techniques pour y arriver. Une opération de consultation et de caractérisation devant mener à une réglementation complète coûtera facilement plus de 100 000 $ à une MRC. Et ce n'est pas l'aide d'un commissaire *ad hoc* offerte par le ministère de l'Environnement pour tout le Québec qui y changera quelque chose.

Compléter l'encadrement

En somme, il ne faut ni exagérer ni sous-estimer les impacts environnementaux des parcs éoliens. L'énergie éolienne demeure, il ne faut pas l'oublier, une énergie renouvelable dont les dangers pour l'environnement ne sont pas comparables à ceux des centrales thermiques (au charbon, au gaz ou nucléaires) et même des centrales hydroélectriques. Les dommages environnementaux peuvent cependant être importants si on laisse les promoteurs agir à leur guise. Par contre, on peut en grande partie les éviter si les autorités concernées se donnent le temps et la peine d'élaborer un encadrement adéquat pour guider l'implantation des parcs éoliens. La concentration des éoliennes est, ici comme ailleurs, un facteur aggravant. La taille des parcs, leur localisation, la disposition des tours dans les parcs sont d'une importance stratégique pour contrer les impacts négatifs.

Présentement, l'encadrement à cet effet est incomplet et il arrive à la pièce, alors que les projets sont déjà en place. La publication, deux ans après les premiers projets, d'orientations gouvernementales et de quelques correctifs est éloquente. L'exemple de l'intervention tardive de la Commission de protection des terres agricoles dans le projet de Northland à Saint-Ulric, en vue de faire déplacer une quarantaine d'éoliennes prévues en zone d'agriculture intensive, en dit long également. De même que les ajustements successifs exigés du projet de Skypower à Rivière-du-Loup : plus de 50 éoliennes ont dû être déplacées et regroupées pour être mieux intégrées aux paysages et au milieu habité ; l'éolienne la plus près du fleuve sera maintenant à une distance de 4,5 km ; 22 km de fils devront être enfouis, au lieu des 7 km prévus, et semblablement pour les lignes à fils doubles ; les redevances des propriétaires sont passées de 2 000 $ à 3 000 $ et celles des municipalités touchées, à plus de un million. Pourtant, ces correctifs n'ont pas éliminé tous les mécontentements.

Les ministères de l'Environnement, des Ressources naturelles et de la Faune, des Affaires municipales, de l'Agriculture et de la Santé ont donc un travail concerté à faire.

Quant aux municipalités, l'encadrement qu'elles ont réussi à établir à la hâte demeure incomplet et elles disposeront de peu de temps et de moyens pour le compléter dans le cadre des orientations proposées. Dans l'Est du Québec, où sont situés les projets en cours, il se limite dans la plupart des cas à établir des distances par rapport aux résidences (350 ou 500 m), aux immeubles protégés et aux périmètres urbains (entre 500 et 3 000 m), aux routes touristiques (entre 750 et 3 000 m) et au fleuve (5 km et moins, voire en deçà de 3 km dans la MRC de Matane). Seule la MRC de Kamouraska a interdit les éoliennes hors des terres publiques. On est encore loin d'une planification «raisonnée et concertée» du développement éolien sur le territoire des MRC concernées; loin aussi de plans régionaux de développement de la filière éolienne sur les terres privées aussi bien que publiques.

Le rapport du BAPE sur le projet de parc éolien proposé par le Groupe Axor Inc. dans la MRC de Matane (Rapport n° 233) résume assez bien la situation dans sa lettre de présentation au président du BAPE, M. William J. Cosgrove, le 20 septembre 2006 :

> Pour la commission, le développement de la filière éolienne au Québec devrait être mieux encadré, en particulier pour les terres privées. De plus en plus, en raison de la croissance rapide du nombre d'éoliennes, particulièrement dans les régions du Bas-Saint-Laurent et de la

Gaspésie, le gouvernement du Québec devrait définir, de concert avec le public, des plans régionaux de développement de la filière éolienne qui concerneraient à la fois les terres publiques et privées. Ces plans prendraient en compte les effets cumulatifs des projets actuels et à venir ainsi que la capacité d'absorption du milieu naturel et humain. Ils guideraient les MRC dans le choix éclairé des dispositions relatives à l'implantation d'éoliennes sur leur territoire et les promoteurs dans leur recherche d'emplacements les plus aptes à accueillir de telles infrastructures. Il en va de l'acceptabilité sociale, écologique et économique des projets de parcs éoliens.

Dans un tel contexte, on peut comprendre que les citoyens soient inquiets et s'opposent à plusieurs projets. Cette résistance doit, cependant, prendre en compte que notre consommation d'énergie ne cesse d'augmenter et que l'énergie éolienne demeure une solution hautement souhaitable, en comparaison des grands barrages et des centrales thermiques ou nucléaires dont on connaît les inconvénients.

CHAPITRE 3

La participation des communautés
L'énergie du peuple

Gaétan Ruest, ing., maire d'Amqui

LA DÉVITALISATION d'une grande majorité des communautés localisées dans les régions dites « ressources » du
Québec exige de plus en plus l'engagement audacieux des
élus locaux dans la voie de l'autodéveloppement local.

Le développement local

En développement local, il y a les tenants du développement
exogène (qui vient de l'extérieur) et les autres, qui privilé-
gient le développement endogène (qui vient de l'intérieur),
ce dernier étant aussi connu sous le vocable de développement par la base.

Si les deux ont leur place côte à côte, la froide réalité
des choses indique qu'ici comme en plusieurs domaines, la
fameuse loi de Pareto se vérifie : 80 % des emplois créés
sont le fruit du travail de promoteurs-entrepreneurs issus
du milieu même, tandis que le reste, 20 %, nous vient d'initiatives extérieures. Aussi, force est de constater que la très
grande majorité des emplois créés en région sont issus de

l'exploitation et de la mise en valeur des ressources que l'on retrouve dans ou à proximité du territoire habité.

On constate également que nous avons encore très peu le réflexe de produire nous-mêmes en région les produits à valeur ajoutée à partir de nos ressources locales plutôt que d'exporter la matière première non transformée. Cette façon de faire a pour effet de nous priver des emplois de qualité générés par une économie de plus en plus orientée vers le savoir, ces emplois que, précisément, recherche la très grande majorité de nos jeunes qui ont choisi de pour-suivre des études à l'extérieur et qui ne reviendront s'ins-taller dans leur coin de pays que s'ils y trouvent un travail décent, valorisant et bien rémunéré. Les régions se privent ainsi d'un précieux enrichissement collectif et d'un pré-cieux capital humain ; et ce ne sont pas nos jérémiades les plus pathétiques auprès de nos élus des gouvernements supérieurs qui pourront y changer quelque chose. Combien de temps nous faudra-t-il pour enfin comprendre que nous ne sommes pas nés pour un petit pain et que, si nous subis-sons une telle situation, nous en sommes les tout premiers responsables par notre crainte de faire les efforts qu'exige la réappropriation d'un développement local basé sur la valeur ajoutée, le savoir et la connaissance !

La dévitalisation d'une grande majorité des commu-nautés localisées dans les régions périphériques du Québec exige de plus en plus l'engagement audacieux des élus locaux dans des actions concrètes de prises en charge de leur destin collectif.

S'approprier le développement éolien

En ce moment et pour plusieurs années à venir, le déve-loppement de la filière éolienne et des nouvelles énergies renouvelables constitue, dans les régions en difficulté, une source formidable de bonnes occasions que les populations locales doivent saisir avant qu'elles ne soient toutes écumées par d'autres, plus souvent qu'autrement avec la complicité des élus locaux et même des gouvernements des paliers supérieurs.

Il est minuit moins une ; demain il sera trop tard ! Il est urgent que les élus locaux, les leaders dûment mandatés par leurs concitoyens (à moins que ne se lève au sein de la population un « champion » qui décide de prendre les choses en mains !) assument courageusement leur leadership et mobilisent leur milieu de façon démocratique et transparente. L'objectif recherché est de convaincre les populations locales des avantages de s'associer dans un projet collectif d'appropriation et de mise en valeur de cette ressource énergétique renouvelable. Le succès de chaque projet est largement conditionnel aux qualités d'animateur que l'élu (ou le « champion ») démontrera tout au long du processus. C'est pas à pas, action par action, qu'il parviendra à convaincre ses concitoyens de s'engager tous ensemble, en tant que promoteurs-entrepreneurs, dans un projet de parc éolien communautaire à taille humaine dans leur milieu, idéalement par la mise sur pied d'une coopérative de solidarité qui en deviendra la structure organisationnelle porteuse.

Ceux qui choisiront de prendre cette voie, plutôt que de négocier de simples redevances ou « contributions volontaires » avec les gros promoteurs privés de mégaparcs éoliens dans leur communauté, pourront immédiatement faire appel à la Coopérative de Développement Régional de leur région respective (CDR). En effet, à la suite du colloque organisé à Rimouski le 10 octobre 2006, le CDR du

Bas-Saint-Laurent a audacieusement pris l'initiative de mettre sur pied un tout nouveau volet de services-conseil adapté d'accompagnement pour les groupes de citoyens ou les communautés désirant démarrer une coopérative de solidarité pour la réalisation de parcs éoliens communautaires. Cette organisation, qui est au service des régions du Bas-Saint-Laurent et de la Côte-Nord, s'est montrée ouverte à collaborer avec les CDR des autres régions du Québec afin de partager son tout nouveau savoir-faire en matière de développement éolien communautaire. Nous avons la capacité, au Québec, aussi bien qu'au Danemark, en Suède, en Allemagne, en France, en Espagne, en Orégon, au Manitoba ou en Ontario, d'entreprendre et de réussir des projets rassembleurs, valorisants et viables en développement d'énergie éolienne (ou d'autres énergies renouvelables), selon l'approche dite communautaire, par le biais des coopératives de solidarité.

Si l'air que l'on respire n'est la propriété d'aucun mais bien de nous tous et qu'à l'évidence le vent qui la transporte lui est si lié qu'ils forment un tout indissociable, on ne peut qu'en déduire que le vent est sans l'ombre d'un doute un BIEN COMMUN inaliénable ! Le vent est incontestablement une richesse collective, et sa mise en valeur doit contribuer équitablement au mieux-être des collectivités locales où il souffle. L'énergie éolienne est naturellement l'énergie du peuple. Une telle richesse collective ne peut et ne doit aucunement être laissée à la seule convoitise aveugle de groupes financiers ou de multinationales du pétrole en mal de plantureux profits garantis par notre Hydro-Québec et destinés en exclusivité à leurs actionnaires ou bailleurs de fonds – dont la majorité, sinon la totalité, résident à l'extérieur des régions où sont situés les projets.

En territoire habité du Québec, les élus doivent donc saisir sans hésitation l'opportunité de s'impliquer courageusement et avec audace dans la mise en valeur de cette richesse qui souffle au-dessus des têtes de leurs concitoyens. Le projet du parc éolien communautaire de 32 MW initié par François Pélissier, président du groupe ERELIA dans la région de Nancy, en France, est un très bel exemple d'un projet de parc éolien communautaire par et pour le milieu, un exemple réussi de développement endogène[7].

D'abord convenir d'une approche collective

Le premier exercice à entreprendre pour les promoteurs d'un projet de parc éolien communautaire est la localisation des gisements de vent présents et exploitables sur leur territoire. Cette opération complétée, il est essentiel de convenir, avec tous les concitoyens et autres partenaires du milieu intéressés par le projet, d'une grille de paramètres à respecter en termes d'acceptabilité sociale, pour ne retenir que les gisements éoliens qui auront obtenu les plus hautes notes de passage. Un bel exemple à suivre est celui du projet de Saint-Noël, «Un village, une éolienne», initié par un véritable «champion», Gilbert Otis, premier président la nouvelle CRERQ (Coopératives regroupées en énergie renouvelable du Québec).

De plus, en parallèle avec ces premières activités, les leaders devront piloter de solides exercices d'appropriation (*empowerment*) collective en organisant autant de séances d'information et d'échanges qu'il le faudra pour amener leur population à bien comprendre et partager ces projets.

---

7 . Voir chapitre 5.

Le modèle organisationnel de la coopérative de solidarité est sans doute le modèle à privilégier parmi les diverses options qui s'offrent. Toutefois si, malgré les avantages certains de cette option, les citoyens d'un milieu devaient convenir entre eux de choisir la voie plus facile de la négociation de contributions volontaires selon le bon vouloir de promoteurs privés, les élus n'auront d'autre choix que de respecter leur décision.

Les conditions d'une participation des citoyens

Le degré de confiance des citoyens envers leurs élus est primordial dans toute démarche d'appropriation collective. Les élus locaux ont la responsabilité d'être proactifs, collectivement, dans une approche démocratique, citoyenne et participative, avec un souci constant de transparence. Ils doivent surtout éviter tout geste qui pourrait laisser croire à de possibles conflits d'intérêts. Le niveau d'engagement de tout citoyen sera aussi largement conditionné tant par la qualité que par la quantité de l'information à laquelle il aura librement accès en tout temps. S'assurer du plus haut niveau d'information des citoyens, c'est aussi s'assurer du plus haut niveau d'intérêt et d'engagement du plus grand nombre.

Une stratégie au niveau de la MRC

Un tel processus de démocratie citoyenne, si on veut en maximiser les résultats et en minimiser les risques, devrait préférablement se faire à l'échelle d'un territoire de MRC. La force du nombre et de l'appartenance collective pèsera lourd dans le succès de projets de telle envergure. Si chaque conseil des maires de MRC doit, de par la loi, se donner un schéma d'aménagement à l'échelle de tout son territoire, quoi de plus normal que la MRC se dote d'une solide stratégie commune d'action solidaire et concertée pour s'assurer du meilleur développement possible de la filière éolienne sur son territoire ?

Malheureusement, les MRC ne semblent pas encore avoir adopté cette approche prometteuse. Seules les MRC du Témiscouata, des Basques et du Kamouraska, dirigées toutes les trois, notons-le, par un préfet élu au suffrage universel, démontrent de plus en plus de cohésion dans leur approche du développement éolien sur leur territoire. Dans l'ensemble du développement éolien en cours sur le territoire habité du Québec, la cupidité humaine prime sur la solidarité. De nombreux élus de petites communautés possédant sur leur territoire des gisements éoliens exploitables se laissent facilement courtiser par les représentants des promoteurs de mégaparcs éoliens, et n'hésitent pas à s'objecter à une approche solidaire et concertée au sein de leur MRC, défendant jalousement leur précieux butin, exclusif et local, sans tenir compte du fait que les paysages qui seront occupés par des dizaines d'éoliennes gigantesques sont une propriété collective, et que des compensations collectives devraient donc être négociées.

L'encadrement du gouvernement

Nous récoltons les fruits de l'absence d'encadrement adéquat pour le développement éolien en milieu habité. En effet, notre bon père de famille, le gouvernement du Québec, a omis de faire, en collaboration avec les représentants des élus locaux, des propriétaires fonciers et des ministères des Affaires municipales, de l'Environnement et des Ressources naturelles, le travail préparatoire qui s'imposait afin d'établir un solide plan stratégique de développement, accompagné d'un cadre réglementaire pour guider l'implantation des éoliennes et les redevances à être versées aux propriétaires fonciers et aux communautés. Si le développement de la filière éolienne dans les territoires habités du Québec avait été préparé avec autant de soin que le développement des réserves hydrauliques du Québec à la Baie-James, les projets éoliens n'auraient pas rencontrés autant d'embûches.

Un comité-conseil a bien été formé en novembre 2006, incluant les partenaires précités, mais son mandat se limite à proposer un encadrement pour les 500 MW communautaires à venir. Quant aux correctifs mineurs apportés par le gouvernement le 9 février 2007, ils ne font que confirmer le manque de préparation qu'il a toujours nié. Les correctifs exigés par le BAPE dans plusieurs projets, notamment celui de SkyPower à Rivière-du-Loup, en sont aussi des preuves, de même que l'intervention tardive de la Commission de protection du territoire agricole pour exiger le déplacement d'une quarantaine d'éoliennes situées sur des terres agricoles à haut potentiel dans le futur projet de Northland Power, dans la MRC de Matane. Les Québécois réalisent tristement qu'ils auraient très bien pu épargner toutes ces précieuses énergies gaspillées à des batailles inutiles et démarches revendicatrices et consultatives de toute nature si le gouvernement avait fait ses devoirs du premier coup. L'Est du Québec aura littéralement servi de banc d'essai pour des entreprises que l'on nous disait expertes en matière de développement éolien, alors qu'elles étaient en fait issues pour plusieurs d'entre elles du milieu du pétrole ou de fonds à capitaux de risque.

Nous aurions pourtant facilement eu accès aux compétences, aux ressources et aux expériences d'autres pays, pour imaginer ensemble un modèle de développement éolien novateur, à notre image, avec une approche appropriée aux territoires habités du Québec, c'est-à-dire des projets de parcs éoliens communautaires, à taille humaine, propriétés de coopératives de solidarité, et donc plus facilement intégrables dans les paysages et plus acceptables socialement. Quant aux mégaparcs, on aurait dû confier à une branche ou nouvelle division spécialement créée à Hydro-Québec de les développer en aval et de concert avec les grands barrages hydroélectriques.

Malgré les milliards en investissements et création d'usines, comme un Klondike que l'on fait miroiter pour l'Est du Québec, il saute aux yeux que les bienfaits sont de beaucoup inférieurs à ce qu'ils auraient pu être si nous avions eu l'intelligence de bien nous préparer stratégiquement, en mettant à contribution les partenaires concernés qui ont été malheureusement exclus jusqu'ici.

Les possibilités de projets collectifs

La révision récente de la loi 62 régissant le fonctionnement et la gouvernance des municipalités du Québec permet maintenant l'implication de ces dernières dans la réalisation de projets de parcs éoliens, jusqu'à hauteur de 50 % dans des projets de 25 MW et moins. Au Québec, deux villes de l'Estrie, soit Sherbrooke et Coaticook, sont elles-mêmes propriétaires à 100 %, depuis plusieurs années, de barrages électriques dont les profits contribuent au budget municipal, soulageant d'autant leurs contribuables. En Suède, près de 30 % des communautés locales, grâce à la complicité de leur gouvernement supérieur, sont aujourd'hui autoproductrices d'énergie électrique via des parcs éoliens, des barrages électriques, des centrales fonctionnant avec la biomasse forestière, ou autres projets de production d'énergie renouvelable.

Au lancement du premier appel d'offre pour 1 000 MW éolien, notre gouvernement a carrément laissé entendre qu'il fallait s'en remettre entièrement au secteur privé pour réaliser des projets éoliens. Les raisons invoquées étaient les suivantes :

A) Pour une meilleure rentabilité, il est nécessaire de réaliser des projets de 100 MW et plus et ceux-ci exigent de très gros capitaux (300 millions environ).

B) Pour se lancer dans le développement éolien, il faut une expertise et, comme nous n'en avons pas au Québec, il est nécessaire de faire un appel d'offres pour intéresser de grosses organisations privées qui s'y connaissent.

C) La rentabilité de tels projets n'étant pas garantie, il serait trop risqué de se lancer.

Avec cette argumentation, on a tenté de décourager tout désir de faire soi-même et autrement. Mais, peu à peu, la supercherie est apparue. Il y a bel et bien une place pour des projets communautaires de plus petite taille. Même, à l'instar de la petite communauté de Saint-Noël dans La Matapédia, la mise en place d'une seule éolienne d'un méga-watt peut être un projet communautaire dynamisant et rentable et relancer l'espoir au sein d'une petite communauté engagée dans la spirale insidieuse de la dévitalisation.

Le premier événement à contredire l'argumentation du gouvernement fut le projet communautaire de la SIDEM

(Société Intégrée de Développement Éolien de La Mata-pédia), qui proposera la réalisation d'un parc éolien de 9 MW (6 éoliennes de 1,5 MW) dans le cadre du prochain appel d'offres de 2 000 MW. Celui-ci est né d'une suggestion que nous, à la Ville d'Amqui, avons faite après avoir obtenu une première étude de pré-faisabilité par la firme Énergie nordique Inc. La démarche a été entièrement soutenue par la communauté, et allait devenir la toute première initiative d'une communauté québécoise visant à mettre sur pied un parc éolien communautaire.

Petite éolienne. Photo d'ATI Éolien.

En l'espace de quelques mois, grâce à diverses inter-ventions médiatiques, l'idée a très rapidement fait son chemin en divers endroits au Québec. Actuellement, plus d'une quinzaine de projets de petits parcs éoliens à caractère communautaire sont en gestation, principalement au Bas-Saint-Laurent, en Gaspésie, au Saguenay-Lac-Saint-Jean et en Chaudière-Appalaches. Il y a une belle diversité : projets de municipalités, coopératives ou groupes de propriétaires fonciers, seuls ou en partenariat avec des promoteurs-investisseurs.

Un réseau de soutien et d'expertise

Tous ces projets communautaires peuvent bénéficier de l'aide professionnelle inestimable du groupe ATI, présidé par M. Adrian Ilinca, ingénieur et professeur chercheur à l'UQAR (Université du Québec à Rimouski), et de la précieuse collaboration précieuse de M. Jean-Louis Chaumel, lui aussi ingénieur et professeur chercheur à l'UQAR. Cette université régionale est de plus en plus reconnue en matière de développement éolien au Québec.

L'engagement professionnel de la Coopérative de Développement Régional du Bas Saint-Laurent (CDR-BSL) apporte un soutien de plus en plus stratégique et utile au développement éolien coopératif. Tout récemment était fondée, à l'initiative du CDR-BSL et de promoteurs éoliens communautaires, la toute nouvelle CRERQ, appelée à devenir un joueur incontournable dans l'accompagnement de tout groupe, communauté ou MRC désirant s'engager dans un projet de production d'énergie renouvelable selon une approche communautaire. Ces groupes pourront s'associer au regroupement coopératif en tant que membre à part entière, afin de pouvoir tout à la fois profiter de l'expertise de autres membres et apporter leur propre contribution, pour bâtir ensemble cette toute nouvelle force en autodéveloppement local de ressources énergétiques renouvelables.

Plusieurs de ces groupes de soutien explorent présentement la possibilité de s'impliquer collectivement dans la mise en place d'une nouvelle filière manufacturière régionale en matière d'équipements éoliens destinés aux projets coopératifs. Cette nouvelle initiative permettra de pousser encore plus loin l'appropriation du développement éolien, pour le moment largement dépendant des usines européennes qui ne fournissent plus à la demande. Les usines québécoises se limitent encore pour la plupart à la fabrication de composantes ou à l'assemblage de celles-ci sur les sites d'installation. La fabrication de turbines « made in Québec ! » constitue un projet hautement souhaitable si le Québec veut devenir, comme le proclame le gouvernement, un leader mondial dans le domaine.

En Ontario, contrairement au Québec, les promoteurs de projets communautaires, grâce aux pressions exercées par la Ontario Sustainable Energy Association (OSEA), peuvent déjà compter sur un programme d'appel d'offres standards (à prix fixes !). L'OSEA organise des activités de formation et d'information pour ses membres, les communautés locales ou groupes d'individus qui mettent de l'avant un ou des projets de parcs éoliens communautaires. En Europe, diverses organisations aident les communautés et les groupes de citoyens à monter et financer leur projet de développement éolien communautaire, comme la WELFI et l'ADEME en Allemagne. Dans le sud de l'Alsace, l'ALME (Agence locale de la maîtrise de l'énergie) fait partie des 15 agences locales de la maîtrise de l'énergie en France.

Bref, on constate qu'ailleurs, on a développé des services d'aide pour soutenir les initiatives de développement local en matière de développement d'énergies nouvelles, tandis qu'au Québec, les citoyens doivent se débrouiller seuls. Comment le gouvernement peut-il prétendre jouer un rôle de leader? On doit plutôt reconnaître qu'il accuse un très sérieux retard.

Le Québec devrait soutenir des organisations, comme la toute nouvelle CRERQ et les CDR, qui désirent développer des services d'aide technique et d'accompagnement pour les promoteurs de projets communautaires. Ces programmes deviendraient du même coup une contribution intéressante à la revitalisation de plusieurs communautés en difficulté.

Les sources de financement

La mise en œuvre des projets de parcs éoliens communautaires ne peut se faire sans l'argent requis pour confectionner les plans d'affaires ; réaliser les études de mesures de vent ; faire les démarches pour répondre aux exigences environnementales et sociales ; acheter les éoliennes ; construire et entretenir les parcs éoliens. On estime à trois millions de dollars le coût total d'une éolienne de 1 MW. Voilà une excellente raison pour imaginer de tels projets à l'échelle d'une MRC, parce qu'on peut alors plus facilement constituer un bassin d'aides financières puisées à gauche et à droite dans divers fonds d'investissements locaux et communautaires.

C'est ce qui a été fait dans la MRC de La Matapédia pour le projet de la SIDEM. En utilisant toutes les ressources locales (contributions provenant du fond du Pacte rural, du fond sur les TPI (Terres publiques intramunicipales), du fonds communautaire de la Caisse Desjardins de La Matapédia, le fonds municipal vert de la FCM (Fédération canadienne des municipalités), peu utilisé par les municipalités du Québec.), le plan d'affaires aura coûté un montant d'environ 240 00 $, alors qu'on estime qu'il faut normalement de 500 000 $ à 600 000 $. En ce qui a trait au financement de l'acquisition des éoliennes et de la construction du parc éolien lui-même, la SIDEM compte beaucoup sur la Financière Desjardins, qui s'intéresse de plus en plus à ce créneau énergétique – qui bénéficie de contrats avec indexation garantis sur 20 ans de la part de l'acheteur exclusif, Hydro-Québec. D'autres fonds privés s'y intéressent également, les projets étant jugés rentables. Tandis que les mégaprojets se révèlent de plus en plus risqués, en raison des délais de toutes sortes, les projets de parcs éoliens communautaires apparaissent de plus en plus prometteurs. Les fonds requis pour leur financement seront de plus en plus disponibles, qu'ils soient d'ici ou d'ailleurs.

Les redevances

L'arrivée des premiers mégaparcs éoliens au Bas-Saint-Laurent et en Gaspésie a rapidement fait ressortir le ridicule des compensations accordées par les promoteurs privés aux propriétaires fonciers et aux communautés locales. Le premier de ces projets, le mégaparc éolien Le Nordais, du groupe Axor, à Cap-Chat et Saint-Léandre, est un modèle de colonialisme par excellence. Avec 73 éoliennes de 750 KW, la municipalité de Cap-Chat et ses propriétaires fonciers ne récoltent en tout et partout que 12 500 $ par année, sans indexation, alors que le contrat du promoteur avec Hydro-Québec est indexé. Baie-des-Sables et Saint-Ulric ont obtenu quelques dizaines de milliers de dollars pour le parc de 100 MW érigé par Cartier-Énergie. À Murdochville, où la qualité des vents, et donc la rentabilité, est exceptionnelle, le Groupe 3CI ne verse aucune redevance à la ville pour ses deux parcs totalisant plus de 100 MW.

Il est particulièrement choquant que le gouvernement bénéficie pour lui-même d'une ristourne annuelle de 3 % sur les profits générés par tout projet privé de production énergétique, qu'ils soient hydrauliques ou éoliens, et qu'il n'ait absolument rien prévu de semblable pour les municipalités, laissées entièrement à elles-mêmes pour négocier ce que les promoteurs appellent à juste titre des « contributions volontaires » ! Et que dire des fameux crédits de carbone que générera chaque MW d'énergie éolienne produit ? Comment se fait-il que ce soit Hydro-Québec qui ait prévu tout empocher ? Et les subventions consenties par le fédéral pour la production d'énergie éolienne, pourquoi sont-elles versées aux promoteurs privés pour bonifier leur soumission au plus bas prix, plutôt qu'à un fonds de développement local pour les MRC qui accueillent leurs mégaparcs ?

En fixant récemment à 2 500 $ le plancher des redevances qui doivent être versées aux propriétaires fonciers, le ministre Corbeil est encore en deçà des montants présentement négociés en plusieurs endroits, à la suite des pressions exercées par l'Union des producteurs agricoles du Bas-Saint-Laurent. Dans La Matapédia, SIDEM a pour sa part convenu dès le départ de verser 5 000 $ par MW installé aux propriétaires fonciers qui accueilleront des éoliennes de son futur parc éolien communautaire (environ 5 % des revenus bruts). M. Adrian Ilinca, président du Groupe ATI, a récemment estimé que, pour une éolienne de 2 MW générant annuellement 400 000 $ de revenus bruts, les promoteurs privés seraient normalement à même de verser aux propriétaires fonciers et aux communautés locales un total de 50 000 $ annuellement, soit environ

12,5 % de leurs revenus bruts ! Nous sommes actuellement bien loin de ce compte.

Ces redevances devraient constituer une juste compensation pour les dommages causés aux paysages, les frais encourus par les municipalités et les nuisances occasionnées aux résidents. Aucune MRC du Québec ne devrait accepter d'ouvrir la porte de son territoire à la convoitise de promoteurs privés sans s'être au préalable donnée une véritable stratégie concertée de développement éolien, et advenant des négociations, elles devraient pouvoir faire appel à un négociateur professionnel.

Qui doit développer l'éolien ?

En territoire habité du Québec, on devrait définitivement privilégier les projets éoliens communautaires à taille humaine, plus facilement intégrables dans ces magnifiques paysages que des générations de Québécois ont habités et aménagés avant de nous les léguer. Quant aux mégaparcs éoliens, on devrait plutôt les localiser à proximité de nos grands barrages pour diverses raisons faciles à comprendre.

A) Le couplage de production d'énergie éolienne avec la production hydroélectrique est l'une des meilleures combinaisons possible, les réserves d'eau derrière les barrages atténuant l'impact des fluctuations du vent.

B) Pour installer des mégaparcs éoliens, tout comme pour les grands barrages, on a besoin d'infrastructures d'accès solides et importantes. On pourrait utiliser, pour les éoliennes et pour les centrales hydroélectriques, les même voies d'accès aux capacités portantes suffisantes pour accueillir les lourds fardiers transportant d'énormes pièces.

C) Pour tout mégaparc éolien on doit obligatoirement construire un centre de transformation de l'énergie produite afin d'en relever le voltage en vue du transport : un seul centre de transformation pourrait être adapté aux deux productions couplées en tandem.

D) Pour transporter l'énergie des mégaparcs éoliens, on a besoin d'importantes lignes de transport, tout comme pour transporter les grosses quantités d'énergie produites par les mégacentrales hydroélectriques. En implantant les mégaparcs éoliens près des grands barrages, on pourrait construire moins de lignes de transport et préserver ainsi nos territoires agricoles et nos paysages.

E) Lorsque l'on construit des grands barrages en région éloignée, on installe à grands frais de véritables villages temporaires avec tous les services requis pour y accueillir tous les corps de métiers qu'exigent ces travaux, lesquels sont, pour la majorité d'entre eux, les mêmes qu'exige l'implantation des mégaparcs éoliens. On pourrait ainsi maximiser l'utilisation de ces investissements temporaires.

F) La construction des grands barrages est sous le contrôle de notre grande société d'État, Hydro-Québec, qui en est le maître d'œuvre en tant que propriétaire, mais qui supervise le travail des diverses entreprises privées ayant obtenu les contrats de réalisation des travaux. Il pourrait en être de même si on nationalisait la production d'énergie éolienne des mégaparcs éoliens.

Pourquoi laisser les profits de la production énergétique éolienne à des sociétés privées, pour l'essentiel venues d'ailleurs ? Si Hydro-Québec avait l'exclusivité de la production industrielle d'énergie éolienne, elle pourrait procéder à la mise en place d'un savoir-faire et d'une solide stratégie de développement de matériel éolien «made in Québec», afin qu'à l'instar du Danemark et de l'Allemagne, nous puissions nous tailler une part intéressante d'un marché en croissance annuelle de plus de 40 %, pour des années et des années à venir. Le *timing* est là pour prendre notre place, mais encore faudrait-il de toute urgence nous donner une véritable politique et stratégie nationale pour y arriver. Qu'attendons-nous pour passer à l'action ? Ce sont des milliers d'emplois de qualité que la mise en œuvre d'une telle stratégie nationale nous permettrait de créer ! En avons-nous la volonté politique ?

Nous sommes donc en droit de nous poser de vraies questions sur le bien-fondé du choix qu'a fait le gouvernement du Québec de laisser jusqu'ici à l'entreprise privée le rôle de développer cette nouvelle filière énergétique à même une richesse collective : notre VENT.

Si nous sommes capables de construire des «Challenger», des «Manic» et des «Baie-James», nous pourrions devenir très rapidement un joueur de calibre mondial dans cette filière énergétique, générant du même coup plusieurs emplois de qualité pour notre jeunesse en manque de grands défis. Malheureusement, une telle stratégie de développement éolien n'existe pas. Ou, du moins, ce n'est

pas celle qu'on trouve dans la récente Stratégie énergétique du Québec[8]. Sur le terrain, on a vraiment l'impres-
sion que l'on improvise au fur et à mesure que l'on avance.
C'est inadmissible !

Conclusion[9]

Une conclusion s'impose : tous ceux qui croient à l'approche du développement endogène dans la mise en valeur
du potentiel éolien local devraient se concerter de toute
urgence, afin de mettre en commun les volontés et expériences de tous, pour permettre aux communautés locales
de se tailler une juste place dans la production d'énergies
renouvelables. Il y va du bien commun de nos concitoyens.

---

8.   On pourra consulter la stratégie énergétique du Québec en
      annexe 1.
9.   À ce propos, consulter les annexes 3 (Groupes citoyens et pro-
      jets communautaires), 4 (Manifeste de Saint-Noël) et 6 (Réfé-
      rences utiles).

CHAPITRE 4

Faut-il nationaliser l'éolien ?
Pour qui souffle le vent ?

Gabriel Ste-Marie, économiste à la Chaire d'études
socio-économiques de l'UQAM et
Pierre Dubuc, directeur de L'Aut'Journal *et secrétaire du SPQLibre*

C'EST PAR UNE MAJORITÉ des deux tiers que les militantes et les militants du Conseil national du Parti Québécois ont adopté le 29 octobre 2006 une proposition pilotée, entre autres par le club politique Syndicalistes et progressistes pour un Québec libre (SPQ Libre), stipulant que «sous un gouvernement du Parti Québécois, Hydro-Québec prendra en charge le développement éolien via la nationalisation». Les délégations de la Gaspésie et des Îles-de-la-Madeleine et du Bas-du-Fleuve ont voté en bloc pour cette résolution.

Quelques semaines plus tard, le nouveau parti Québec solidaire emboîtait le pas lors de son congrès et adoptait une résolution prévoyant qu'un gouvernement de Québec solidaire «nationalisera le secteur éolien». Dans une entrevue à la *Presse canadienne*, dont le compte-rendu a paru dans les médias du 13 janvier 2007, le président de la Fédération québécoise des municipalités (FQM), M. Bernard

Généreux, exhortait le gouvernement à «ouvrir le débat sur la nationalisation» de l'énergie du vent. Avant que l'éolien ne se transforme en «filière rhodésienne» qui engraisse le «parc immobilier de Toronto», le gouvernement doit corriger le tir, affirmait-il en posant une question fort pertinente: «L'hydroélectricité est publique, pourquoi l'éolien nous échapperait?»

La popularité croissante de l'idée de la nationalisation du secteur éolien n'est pas le fruit du hasard. Elle s'impose après les expériences désastreuses du développement anarchique de l'éolien en Gaspésie et dans le Bas-du-Fleuve par le secteur privé. Le lancement de la filière éolienne, à la suite du retrait de l'impopulaire projet de la centrale thermique du Suroît, avait pourtant été accueilli avec enthousiasme par les communautés choisies par la société d'État pour l'implantation des premiers 1 000 MW. Plusieurs y voyaient la solution au sous-développement de leur région et l'implantation d'une usine de fabrication de pales à Gaspé créant 210 emplois et d'une usine d'assemblage de nacelles, avec ses 70 emplois, à Matane pouvait laisser croire que le vent soufflerait la manne sur la Gaspésie.

Mais les populations ont vite déchanté quand elles se sont rendu compte que la fabrication des pièces à forte valeur ajoutée comme les turbines était réalisée à l'extérieur du Québec et, surtout, lorsqu'elles virent des firmes étrangères au Québec rafler 72 % des premiers appels d'offres. Leur frustration et leur indignation grimpèrent de plusieurs crans quand les reportages de Radio-Canada leur apprirent que les agriculteurs ontariens recevaient beaucoup plus d'argent que leurs homologues québécois pour permettre l'installation d'éoliennes sur leurs terres et que des maires de certaines municipalités québécoises avaient bénéficié de faveurs des compagnies pour autoriser l'installation de parcs éoliens. À l'hiver 2007, à la veille des résultats d'un nouvel appel d'offres de 2 000 MW, le bien-fondé du développement de la filière éolienne par le secteur privé est remis en question.

Le gouvernement du Québec n'avait pas le mandat de privatiser l'éolien

Pourquoi la nationalisation ? La question devrait plutôt être : pourquoi la privatisation ? Les syndicats d'Hydro-Québec mènent depuis deux ans une campagne publique contre la privatisation du secteur éolien en rappelant que les Québécois se sont prononcés lors d'une élection référendaire en 1962 pour la nationalisation de l'électricité. Nous avons alors choisi, rappellent-ils, de contrôler collectivement notre production d'électricité afin de profiter de cette ressource naturelle, d'assurer notre sécurité énergétique et d'offrir des tarifs avantageux. À aucun moment depuis, nous n'avons décidé collectivement de revenir sur cette décision, que ce soit par référendum ou lors d'une élection. Les syndicats ont raison de souligner que le gouvernement et Hydro-Québec n'ont pas reçu le mandat de la population de confier à l'entreprise privée le développement de l'énergie éolienne. La question est d'importance majeure. Avec le développement prévu de 4 000 MW, le secteur éolien représentera 10 % de la puissance installée du secteur de l'électricité au Québec.

En 1962, le ministre des Ressources naturelles René Lévesque n'a pas craint de nationaliser les compagnies privées d'électricité et d'être traité par les médias et certains milieux d'affaires de Castro du nord. Aujourd'hui, les héritiers de René Lévesque à la tête du Parti Québécois ont

opposé une fin de non-recevoir à la décision prise démo-
cratiquement par les membres de leur Conseil national.
Leurs arguments? Ils ne veulent pas rompre les contrats
déjà signés avec les entreprises privées, mais craignent
surtout que le Québec soit perçu comme hostile à l'entreprise privée et qualifié de Venezuela du nord! Autre temps,
autres leaders!

Pourtant, les promoteurs de la résolution sur la nationalisation de l'éolien au Conseil national du Parti Québécois
avaient pris soin d'expliquer qu'il fallait regarder vers l'avenir et non le passé, que la nationalisation devait être com-
prise dans le sens d'une «appropriation'» de nos richesses
naturelles et non d'une «expropriation» des parcs éoliens
existant. Les 1 000 MW déjà octroyés au secteur privé pourront devenir propriété publique soit au terme de leur vie
utile ou au terme des contrats de 25 ans intervenus entre
la société d'État et les promoteurs privés (ou même avant,
ont-ils souligné en rappelant qu'Hydro-Québec a été créée
en 1944 pour faire suite au souhait de la Montreal Light
Heat and Power d'être nationalisée pour se tirer d'une
situation financière précaire).

La nationalisation de l'éolien ne signifie pas non plus
que la société d'État se mette elle-même à fabriquer des
pales, des tours et des turbines. Hydro-Québec ne s'est pas
improvisée cimentier, entreprise de camionnage, ni firme
de génie-conseil pour construire les grands barrages qui
ont fait sa renommée. Ce que la nationalisation permet,
c'est un meilleur contrôle public et un meilleur arrimage
du réseau hydroélectrique, des lignes de transport et des
parcs d'éoliennes. Hydro-Québec pourra alors choisir les
sites de façon plus stratégique, ceux avec le plus grand
potentiel, mais aussi en fonction de la capacité des lignes

de transport. Le contrôle de ces différentes formes d'énergie par la société d'État rend possible de hausser la production globale en économisant l'eau des barrages, lorsque les vents sont plus puissants, pour l'utiliser dans les périodes où il vente moins. Ce rendement optimal ne peut être possible si l'instauration de parcs d'éoliennes se fait en fonction de critères politiques, sans étude sérieuse. Il faut aussi que les lignes de transport existantes puissent absorber ce surcroît de production, autrement Hydro-Québec devra bâtir d'autres lignes, à un coût assumé par la collectivité, pour les besoins d'entrepreneurs privés.

Ces questions sont importantes. L'Alberta vient de décréter un moratoire sur le développement de son parc éolien pour des raisons techniques. La production éolienne de l'Alberta approche les 10 % de sa production totale d'énergie et les éoliennes sont concentrées pour l'essentiel dans la même vallée. Le réseau électrique de la province n'a pas suffisamment d'interconnexions avec les provinces ou les États voisins pour compenser un arrêt de la production éolienne dû à une absence de vent.

Le coût de la privatisation

Le développement du secteur éolien par l'entreprise privée nous est présenté comme bénéfique pour la société québécoise. Mais les calculs de rentabilité prouvent exactement le contraire. Pour les premiers 1 000 MW concédés à l'entreprise privée, Hydro-Québec paiera 8,35 cents le kWh, alors que le coût de production est environ deux fois moindre. Selon les contrats signés entre Hydro-Québec et les entreprises privées, le prix versé à ces firmes est de 6,5 cents par kWh pour l'année 2007, mais avec une augmentation de 2 % tous les ans. Par exemple, en 2025, Hydro-Québec versera 9,28 cents par kWh produit. Le prix sera de 6,5 ¢/ kWh seulement en 2007 et, au cours de cette année, seulement 20 % du projet sera en service. Pour calculer le prix moyen exact, il faut tenir compte de l'augmentation annuelle du tarif, de même que de la quantité d'électricité produite à chaque année. Ces calculs permettent d'établir qu'Hydro-Québec versera en moyenne 8,35 ¢/kWh aux producteurs privés.

À partir des données de l'OCDE, nous pouvons déduire que le coût de production au Québec devrait se situer quelque part entre un peu plus de 3 ¢/kWh et un peu moins de 6 ¢/kWh, la réalité devant être plus près de 3 cents, étant donné la qualité exceptionnelle de nos vents. Un tel coût de production est nettement inférieur au tarif de 8,35 ¢/ kWh. Il est évident que le tarif moyen issu du premier appel d'offres est très élevé.

En laissant la filière à l'entreprise privée, Hydro-Québec se prive d'un manque à gagner double, qu'on estime à au moins 7,8 milliards de dollars. D'abord, sur la durée de vie du projet, la société d'État paie 1,5 milliard de dollars de plus que si elle avait produit l'énergie éolienne elle-même, à cause du tarif élevé de 8,35 ¢/kWh. En supposant un taux de rendement conventionnel, elle se prive également de 6,3 milliards de dollars de bénéfices qu'elle aurait réalisés, pour un manque à gagner total de 7,8 milliards de dollars. La moitié des bénéfices d'Hydro-Québec allant au gouvernement du Québec, ce dernier accuse un manque à gagner de 3,9 milliards de dollars en laissant l'éolien au secteur privé. Ce calcul est basé uniquement sur les 1 000 premiers mégawatts, alors que l'on a déjà annoncé le développement prochain d'un total de 4 000 MW.

Pire encore, la plus grande proportion de ces milliards quittera le Québec. En effet, 72 % du premier appel d'offres de 1 000 MW a été raflé par des entreprises non québécoises. Rien ne laisse croire qu'il en ira autrement pour les 3 000 autres mégawatts. Des régions ont vu avec raison dans le développement éolien un important levier économique potentiel. Cependant, elles réalisent aujourd'hui qu'elles n'ont ni les ressources ni les compétences pour rivaliser avec des firmes comme la multinationale Trans-Canada Corporation. La situation ne s'améliorera pas dans l'avenir. Une analyse, parue dans le *Globe and Mail* du 20 octobre 2006, décrit le phénomène de fusion d'entreprises en cours dans le domaine éolien et prédit qu'il aboutira à la création de méga-entreprises que les municipalités auront encore plus de peine à concurrencer. D'ailleurs, Hydro-Québec a prévu le coup en réservant 500 MW additionnels aux partenariats municipaux et aux Premières nations. Devrons-nous nous en contenter ?

Dans une intervention en commission parlementaire le 20 septembre 2007 le président directeur d'Hydro-Québec, Thierry Vandal, déclarait en parlant des rendements des entreprises privées : « Vous regardez les rendements qu'ils acceptent. [...] Ce sont des rendements bas [...], des rendements qui sont inférieurs à ce qu'on jugerait prudent de faire à Hydro-Québec ». Même si l'on acceptait l'argument de Thierry Vandal selon lequel les rendements de ces entreprises privées sont inférieurs à ceux d'Hydro-Québec, on pourrait rétorquer que les rendements de la société d'État tombent dans l'écuelle des Québécois, alors que ceux des entreprises privées tombent dans la poche de leurs actionnaires, majoritairement étrangers. L'argument des retombées fiscales pour le gouvernement ne tiendrait pas non plus la route. Une analyse serrée démontre que les entreprises privées qui financent et exploitent les éoliennes bénéficient de si importants crédits fiscaux que l'aide qu'ils reçoivent de l'État dépasse les taxes et impôts payés.

Les avantages de l'exploitation de l'éolien par Hydro-Québec

Pour justifier le recours au privé, plusieurs arguments ont été invoqués. Au premier chef, on a mentionné le manque d'expertise d'Hydro-Québec dans le domaine de l'éolien. Cependant, la plupart des entreprises privées qui ont obtenu les premiers contrats ne possédaient aucune expertise en la matière. Trans-Canada Corporation se vante même dans ses communiqués d'affaires que c'est son contrat avec Hydro-Québec qui lui permettra de développer cette expertise !

Thierry Vandal affirme que le développement des éoliennes est avant tout une question de financement. L'argument est repris par Marc-Brian Chamberland, le porte-parole d'Hydro-Québec dans une entrevue accordée au journal La Presse (8 janvier 2007). « En matière d'énergie éolienne, un producteur n'est ni plus ni moins qu'un bailleur de fonds. Ce n'est pas un spécialiste. Il fait plutôt affaire avec des spécialistes en sous-traitance », déclarait M. Chamberland. À ce compte, il n'est pas surprenant que l'entreprise qui a raflé la mise lors du premier appel d'offres de 1000 MW soit Trans-Canada Corporation, une importante compagnie pétrolière de l'Alberta qui a des cotes de crédit presque aussi bonnes que celles de notre société d'État.

En plus de ses capacités de financement exceptionnelles, la société d'État pourrait utiliser les appels d'offres pour exiger qu'un fabricant d'éoliennes s'installe au Québec. Une telle entreprise pourrait développer des éoliennes adaptées à notre climat et être en mesure d'exporter une partie de sa production dans le reste du Canada et dans le Nord-Est des États-Unis. Pareil scénario est d'autant plus plausible que le secteur éolien est en pleine expansion et que les producteurs ne fournissent pas actuellement à la demande. Avec ses appels d'offres de 4 000 MW, les plus importants au monde selon Thierry Vandal, Hydro-Québec pourrait être un joueur majeur sur le marché mondial de l'éolien. Or, en fractionnant ses appels d'offres, Hydro-Québec se prive, et prive l'ensemble du Québec, d'un levier économique extrêmement important. L'installation au Québec d'un grand fabricant d'éoliennes ferait baisser les prix et aurait des retombées majeures en termes d'emplois et de développement d'une expertise québécoise.

Les adversaires de la prise en charge du secteur éolien par Hydro-Québec prétextent le fonctionnement bureaucratique de la société d'État pour mettre en doute son efficacité, et pointent du doigt les salaires plus élevés de ses employés syndiqués pour questionner la rentabilité de la nationalisation. Ces arguments sont sans fondement. Une fois construites, les éoliennes demandent une main-d'œuvre fort réduite pour assurer leur fonctionnement et leur entretien et les salaires ne sont pas un facteur important. Même si c'était le cas, il faudrait souligner aux détracteurs de la nationalisation que les salaires seraient versés à des employés québécois, alors que, présentement, les profits sont versés à des actionnaires étrangers. Quant à l'argument de l'inefficacité d'Hydro-Québec, il fait partie du discours idéologique habituel des tenants des privatisations et ne repose sur aucune analyse pertinente[10].

La nécessité d'impliquer les communautés locales

Cependant, il faut reconnaître que nous avons vu naître, au cours des dernières années, une opposition malsaine entre, d'une part, le gouvernement du Québec, Montréal ou encore les sociétés d'État comme Hydro-Québec et, d'autre part, les régions. Les doléances régionales sont fondées – tout comme plusieurs des récriminations à l'endroit d'Hydro-Québec –, mais la solution ne réside pas dans une alliance entre les pouvoirs régionaux et des entreprises étrangères contre ces instruments collectifs que doivent être nos sociétés d'État.

C'est d'ailleurs une des caractéristiques du néolibéralisme que de chercher à saper la légitimité des États nationaux en faisant la promotion de la concurrence des pouvoirs régionaux entre eux dans un contexte de privatisation. Le développement du secteur éolien l'illustre parfaitement. Dans la lutte qu'elles se mènent, les régions vont dépenser l'argent de leurs contribuables en pure perte pour préparer des appels d'offres dont la plupart ne seront pas retenues parce que l'offre dépassera largement la demande. Déjà, des représentants régionaux ont vu le piège et ont entrepris de se regrouper en coopératives pour concurrencer les géants ontariens. Mais ces regroupe-

---

10. De nombreux ouvrages proposent des analyses approfondies des arguments pour la privatisation, par exemple *Mainmise sur les services* (Éditions Écosociété) et *Tout doit disparaître* (Lux éditeur).

ments, si souhaitables soient-ils, ne peuvent compenser l'absence d'Hydro-Québec comme chef d'orchestre du développement éolien, même s'il est nécessaire que la société d'État coopère avec les pouvoirs locaux. C'est d'ailleurs ce que recommandent les propositions adoptées tant par le Parti Québécois que par le parti Québec solidaire.

La résolution du Conseil national du Parti Québécois stipule qu'« Hydro-Québec devra favoriser le partenariat avec les régions et les communautés autochtones par le biais de coentreprises (MRC, municipalités, coopératives, etc.) pour maximiser les retombées régionales ». La résolution vise à réconcilier l'intérêt national et les intérêts régionaux, et permet d'envisager la création de fonds régionaux où pourraient être versés les profits du secteur éolien afin d'en faire un levier économique pour les régions en difficulté.

Le congrès de Québec solidaire a adopté une approche similaire en proposant la création de « Éole-Québec, une société publique qui sera au cœur du développement de cette industrie qu'elle développera en coresponsabilité avec les instances de démocratie participative locales, régionales et autochtones qui seront responsables de la mise en œuvre des nouveaux projets, dans le respect des résultats des consultations publiques, et pourront conserver une part équitable des bénéfices issus de ceux-ci ».

L'éolien est un enjeu stratégique

Le fait d'écarter Hydro-Québec du marché éolien au profit d'entreprises non québécoises n'est pas sans conséquences stratégiques pour les souverainistes. Le journaliste Louis-Gilles Francœur nous rappelait dans *Le Devoir* du 4 novembre 2006 que les Cris de la Baie-James projettent de construire, avec la société ontarienne Ventus, trois parcs éoliens d'une puissance nominale de 1 650 MW sur leur territoire dans le cadre du projet Yudinn. Il s'agit d'un investissement de trois à quatre milliards de dollars.

Selon *Le Devoir*, ces projets sont lancés en marge des appels d'offres d'Hydro-Québec et trouvent leur légitimité dans la priorité de développement reconnue aux Cris dans la Convention de la Baie-James. Cela signifie que leurs promoteurs n'auront pas à signer le contrat standard en vertu duquel les producteurs privés du reste de la province s'engagent à céder gratuitement leurs installations à la société d'État dans 25 ans.

Dans la perspective de l'accession du Québec à la souveraineté à la suite d'un référendum gagnant, il n'est pas nécessaire de faire un dessin cartographique pour imaginer les tensions à venir entre, d'une part, un gouvernement souverainiste et, d'autre part, les autochtones et les promoteurs privés ontariens. La situation actuelle est d'autant plus fâcheuse que le chef du Grand Conseil des Cris, Matthew Mukash, a confié au journaliste du *Devoir* qu'il préférerait de loin un partenariat avec Hydro-Québec plutôt qu'avec des promoteurs ontariens.

Au-delà de cette question particulière, la propriété du développement éolien est un enjeu capital pour l'avenir du Québec, particulièrement dans le contexte du déclin de la production de pétrole. L'Agence internationale de l'énergie de l'OCDE estime que ce déclin commencera entre les années 2020 et 2030. Il est donc primordial de planifier la transition vers d'autres sources d'énergie afin d'assurer et de sécuriser le maintien de notre niveau de vie. C'est dans cette optique que la Suède a mis sur pied une commission appelée Commission On Oil Independance, afin d'identifier les moyens à prendre pour réduire le plus possible sa dépendance à l'égard du pétrole. La Suède veut ramener son niveau actuel de consommation énergétique de 3,31 Tep (tonne équivalent pétrole) par habitant à environ 2,65 Tep par habitant en 2020. Soulignons, à titre de comparaison, que la consommation énergétique du Québec s'élève à 4,99 Tep par habitant.

Le Québec doit s'inscrire dans une perspective similaire. Les produits pétroliers représentent plus de 40 % de notre consommation totale d'énergie. La situation est d'autant plus dommageable « qu'elle prive l'économie intérieure d'une partie substantielle des revenus disponibles en les drainant très largement à l'étranger au seul profit de quelques multinationales et de leurs actionnaires », comme le soulignait le document d'animation du Parti Québécois pour son conseil national.

La crise énergétique appréhendée impose un virage majeur. Plutôt que d'adopter l'approche d'un pays du tiers-monde en misant sur les exportations de ses ressources naturelles ou énergétiques, le Québec pourrait profiter de cette crise énergétique pour réduire substantiellement sa dépendance aux hydrocarbures et développer un projet économique à la mesure de ses incroyables ressources.

Il faut d'abord redonner à Hydro-Québec son rôle de navire amiral de l'économie québécoise en nationalisant le secteur éolien et en laissant à la société d'État le monopole du développement des petits, moyens et grands barrages nécessaires. Avec l'énergie nouvelle et celle économisée par d'ambitieux plans d'efficacité énergétique dans les secteurs résidentiel, commercial et industriel, nous pourrions envisager le développement d'un grand projet de transport collectif urbain et interurbain électrifié avec le nouveau tramway dans les villes et le train rapide entre les grandes villes.

Nous ne produisons pas de voitures, nous n'extrayons pas de pétrole. Cependant, nous avons de l'électricité en abondance, nous produisons de l'aluminium et Bombardier est un des leaders mondiaux dans la fabrication de matériel de transport roulant.

Les dimensions politiques de ce projet sont multiples. En plus d'aller à rebours d'une économie canadienne où les politiques intérieure et étrangère – comme la guerre en Afghanistan – sont de plus en plus dictées par le lobby pétrolier, le projet d'un Québec vert permet de surmonter les tiraillements entre les régions, Montréal et le gouvernement du Québec et de regrouper l'ensemble de la population autour d'un projet rassembleur. Si la voiture a créé les banlieues et le métro, la ville souterraine, le train moderne peut recréer les régions en y favorisant l'afflux de population et l'émergence de villes créatrices de nouveaux produits, services et emplois.

Ce projet[11] économique, écologique et environnemental pourrait être notre contribution à la lutte contre les changements climatiques, à la lutte pour la survie de la planète.

Il ne manque que la volonté politique!

---

11. On pourra consulter la stratégie énergétique du Québec en annexe 1.

CHAPITRE 5

L'éolien dans le monde

*Paul Gipe, expert états-unien de l'énergie éolienne,
auteur de* Le grand livre de l'éolien

Le vent, une ressource locale

*(Données recueillies et traduites par Roméo Bouchard
à partir des travaux de Paul Gipe)*

« LE VENT EST UNE RESSOURCE LOCALE et c'est une ressource qui nous appartient. Nous voulons en faire une source de revenus pour nous. Nous acceptons que les éoliennes changent nos paysages parce que c'est une forme d'énergie renouvelable. » Ces mots de Paulsen, le leader d'une association importante de coopératives éoliennes allemandes, donne le ton de l'approche européenne de l'énergie éolienne.

1 % de l'électricité de la planète

Au total, on estime à 90 000 le nombre d'éoliennes dans le monde, soit 70 000 MW répartis dans 70 pays, ou 1 % de l'électricité produite. Les deux tiers de ces installations sont situées en Europe. La croissance du secteur est exponentielle.

L'Allemagne et le Danemark sont les leaders mondiaux de l'énergie éolienne, tant pour l'ampleur du développement éolien sur leur territoire que pour l'intérêt de leurs modèles domestique et communautaire, ainsi que pour l'avancement de leur technologie et de leurs usines de fabrication.

Le Danemark vient en tête; 20 % de sa consommation d'électricité provient de l'éolien. Le tiers de ses éoliennes appartiennent à des coopératives et les deux tiers sont situées sur des fermes. Suit l'Allemagne, avec son ratio de 6 % qui deviendra 20 % en 2020 (soit plus de 20 000 MW). Le tiers de ses éoliennes appartiennent également à des coopératives et les deux cinquième sont situées sur des fermes. L'Espagne vient en troisième, avec un ratio de 9 %. L'énergie éolienne est également en croissance rapide aux États-Unis, en Inde, en France et un peu partout dans le monde.

Le Québec, qui produira 10 % de son électricité par éolienne en 2015, soit 50 % de l'énergie éolienne du Canada occupe une position enviable au chapitre de l'énergie renouvelable. Le reste de sa production d'énergie, dont il exporte une partie, est hydroélectrique.

Les modèles

Il existe bien sûr des mégaprojets, mais en Europe, contrairement au Québec, on a surtout privilégié les projets coopératifs ou individuels ou les petits projets commerciaux. Les groupes propriétaires sont généralement regroupés dans des associations régionales et nationales qui fournissent la représentation et les services techniques nécessaires à leurs membres. Un regroupement du genre (les CRERQ) vient tout juste de naître au Québec pour supporter les projets communautaires à plus de 50 % qui réclament leur part. Le groupe a l'appui d'experts comme Ed Hale, du projet ontarien Windshare, François Pélissier, du projet français Le Haut des Ailes, et Paul Gipe, expert mondial de l'éolien. Ce groupe parraine déjà plusieurs projets de 9 MW ou moins, totalisant 200 MW.

En Ontario, il existe quelques coopératives qui ont bien réussi. Ontario Sustainable Energy Association (Toronto) a réussi à faire modifier les lois pour rendre possible le développement de projets éoliens coopératifs comme celui de Toronto Renewable Énergy Cooperative, Windshare, un parc de 750 kWh à propriété communautaire.

On remarque que plus les éoliennes sont dispersées et assurent des revenus à un grand nombre de propriétaires, plus leur acceptation sociale est facile. Le modèle choisi par le Québec pose donc des problèmes grandissant d'acceptabilité sociale et a provoqué la mobilisation des populations pour mettre en place un modèle communautaire.

Les parcs marins[12]

Une tendance lourde qui se dessine à l'échelle internationale est celle de placer les parcs d'éoliennes en pleine mer. L'un des principaux avantages à conquérir le milieu marin avec cette technologie est que la force des vents y est supérieure et de meilleure qualité (elle est plus constante). Cela est d'autant plus vrai que les coûts additionnels que représente une telle entreprise sont largement compensés par une production électrique supérieure à

---

12. Les remarques qui suivent sur les parcs marins sont empruntées à un chercheur de l'Université du Québec à Rimouski, M. Magella Guillemette.

celle provenant d'éoliennes terrestres. L'implantation des parcs d'éoliennes *offshore* aura aussi un second effet non négligeable : celui de limiter considérablement l'effet sur le paysage. À cause du rayon de courbure de la terre, il a été calculé que les futurs parcs d'éoliennes situés à plus de 30 km de la côte seront invisibles (comme le futur parc Nai Kun de 1 800 MW en Colombie-Britannique). Vu la densité de la population, c'est dans le milieu marin que sont installés les gigantesques parcs européens. La construction de l'équivalent de 19 000 MW a débuté dès la fin des années 1990 au Danemark et en Allemagne. Ce mouvement vers la mer s'explique probablement aussi par la mauvaise réputation des premières éoliennes modernes qui généraient beaucoup de bruit.

Les redevances

Pour une éolienne comparable à celles qui se construisent présentement au Québec, les redevances offertes aux propriétaires fonciers sont, en pourcentage du revenu, à titre de comparaison, de 3 à 8 % en Allemagne, de 10 % en France, de 3 à 6 % aux États-Unis.

Les tarifs (prix du kWh)

En Europe, le prix payé par les réseaux publics pour le kWh se situe autour de 12 cents. Au Québec, en 2007, le prix payé pour les projets en cours est de 6,5 cents en moyenne (5,7 cents pour Skypower), avec une indexation de 2 % par année par la suite, ce à quoi il faut ajouter les coûts encourus par Hydro-Québec-Distribution pour l'intégration à son réseau. Les prix relativement bas de 2007 n'auraient pas été possibles si les promoteurs avaient versé des redevances comparables à celles payées partout ailleurs dans le monde.

Les manufacturiers

L'Allemagne domine avec 30 % du marché de la fabrication des éoliennes. Les principaux manufacturiers allemands sont Enercon, Siemans (Bonus), RePower, Nordex et G.E. Wind. Au Danemark, mentionnons l'entreprise Vestas, en Espagne, Gamesa et Ecotechnia et, aux Indes, Suzlon.

L'énergie du peuple

La clé de l'acceptabilité sociale de l'énergie éolienne réside de toute évidence dans la taille des parcs, leur dispersion sur le territoire, et surtout, la propriété communautaire.

Le succès de l'énergie éolienne tient bien sûr au fait qu'elle est une énergie renouvelable, mais beaucoup également au fait qu'elle est une énergie que les populations locales peuvent facilement s'approprier, l'énergie du peuple.

L'histoire du parc Le Haut des Ailes, en Lorraine (France), en est une illustration très éloquente.

Le Haut des Ailes, premier parc éolien français à propriété communautaire

Traduction libre par Patrick Côté, chargé de projet de la coopérative Val-Éo[13].

Nous avancions avec précaution dans la brume, sur l'autoroute A33 entre Strasbourg et Nancy, dans le nord-est de la France, lorsque, sur le sommet d'une colline, nous avons aperçu les éoliennes Repower 2 MW.

Nous avions entendu parler du projet quelques semaines plus tôt en recevant un communiqué de presse de l'ADEME (Agence française de l'environnement et de la maîtrise de l'énergie). L'ADEME vantait le projet, dans lequel elle a joué un rôle prépondérant, comme étant le premier de sa catégorie en France : un projet éolien propriété d'une coopérative locale.

Comme j'avais passé la plus grande partie des deux dernières années à travailler avec des groupes ontariens souhaitant développer des projets d'énergie renouvelable coopératifs ou à propriété collective locale, « Le Haut des Ailes » s'imposa comme un détour nécessaire au cours de notre voyage vers l'Allemagne, où nous allions visiter les industries solaires et éoliennes en émergence. Mon raisonnement était simple : « Si les Français peuvent le faire, nous pouvons le faire en Ontario aussi. » Ce que je ne savais pas à l'époque, c'est que nous allions ainsi suivre la Route

---

13. Le texte original est disponible au lien Internet suivant : http://wind-works.org/FeedLaws/France/Les_Haut_des_Ailes.html Pour une meilleure compréhension du projet, consulter le site d'Erelia : www.lehautdesailes.fr ou www.ereliagroupe.fr.

des énergies renouvelables, un itinéraire incontournable pour un voyage à travers la Lorraine.

Bien sûr, les Allemands et les Danois ont construit leur industrie des énergies renouvelables en se basant sur la propriété locale et collective, mais il y a toujours ce doute persistant que ces nations sont en quelque sorte différentes des autres. Un voyage rapide en Lorraine pourrait nous apporter une lumière nouvelle sur la façon dont les Français ont abordé le problème. L'expérience française aurait à tout le moins un intérêt particulier pour les francophones du Manitoba, d'Ontario, du Québec et des Maritimes.

La région de la Lorraine n'était pas très éloignée de la ville «solaire» de Freiburg en Allemagne, où la propriété communautaire des énergies renouvelables est la norme. Juste à l'ouest de l'Alsace, la Lorraine est une région fortement agricole où l'énergie éolienne était auparavant peu connue.

«Le Haut des Ailes»

Jusqu'à maintenant, les Français avaient été lents à adopter l'énergie éolienne, habitués plutôt aux solutions étatiques à large échelle que représentent, entre autres, les centrales nucléaires. Les choses ont commencé à changer avec la loi française d'approvisionnement en énergie renouvelable, en 2001. Les projets éoliens ont donc pris leur envol et, en 2005, la France comptait 400 MW d'éolien. «Le Haut des Ailes» en fait partie.

Ce projet n'aurait probablement jamais vu le jour sans une telle loi. Seuls les pays possédant des lois qui permettent le raccordement des projets locaux au réseau de distribution, comme l'Allemagne et le Danemark, ont permis aux communautés ou aux propriétaires agricoles de participer au développement des énergies renouvelables. Le projet «Le Haut des Ailes» est le premier exemple de ce phénomène en France.

«Le Haut des Ailes» est un projet considérable à tous égards. Les 32 MW qu'il permet de produire sont répartis entre trois grappes d'éoliennes distinctes, selon les exigences de la loi française sur les projets d'énergie renouvelable. Sous la loi précédente, les projets étaient limités à 12 MW. Cette restriction a depuis été retirée. Deux phases, la Tournelle et le Haut-des-Grues, produisent 10 MW chacune. Le Haut-des-Masures en produit 12 MW. Toutes sont situées autour du village d'Igney. Même si ces trois phases ont été développées à l'intérieur du même projet, elles sont toutes connectées séparément par des lignes à 20 KV, le voltage des lignes de distribution pour cette région.

Comme dans la majeure partie de la France rurale, les villages sont de taille réduite et assez rapprochés les uns des autres. Les fermes sont de petite dimension et la terre est divisée en plusieurs parcelles. Les routes sont étroites et les villages, très pittoresques du point de vue d'un Nord-Américain.

Les éoliennes (RePower MM82) du projet «Le Haut des Ailes» sont construites à Husum, en Allemagne. Elles balayent un corridor de vent de 5 200 m^2. Leur capacité est de 2 MW et leur hauteur de rotor, de 80 m. Chaque turbine est accessible par une route de gravier conçue avec soin et est sensée produire 4,6 millions de kWh annuellement, avec des vents moyens de 6,4 m/s.

Le groupe ERELIA

Le « Haut des Ailes » a été développé par le groupe Erelia, une compagnie innovatrice dirigée par un jeune politicien proactif, M. François Pélissier, ainsi qu'un jeune ingénieur nommé David Portales. Pélissier est maire suppléant de Nancy, la capitale régionale de la Lorraine, et est reconnu pour son enthousiasme et son engagement dans le développement local.

Orateur efficace et visionnaire, Pélissier se fait un plaisir de raconter l'histoire du projet et d'expliquer sa signification pour les gens vivant aux alentours : « Le développement durable ne concerne pas seulement l'énergie ou l'environnement », raconte Pélissier, « mais il concerne aussi la cohésion sociale et les bénéfices que retirent les collectivités locales. » Pour lui, les énergies renouvelables sont un véhicule pour le développement local et régional, pour mettre plus d'argent dans les poches des propriétaires fonciers et des villages dans lesquels ils vivent.

Mode de propriété du parc éolien « Le Haut des Ailes »

Le projet a été financé à 20 % par des liquidités et à 80 % par un prêt, ce qui est relativement commun aux projets éoliens continentaux (sur la terre ferme). Erelia voulait assurer que la propriété soit majoritairement entre des mains régionales pour forcer la redistribution locale des retombées. Ainsi, 99 actionnaires locaux, dont 80 % vivent dans un rayon de 10 km du projet, fournissent 10 % des coûts totaux du projet. Le nombre d'actionnaires a été déterminé en fonction des lois françaises qui exigent, quand il y a plus de 100 actionnaires, l'approbation du prospectus d'investissement par les autorités. Les investissements individuels vont de 1 000 euros à 30 000 euros chacun. Parmi les actionnaires, on retrouve des retraités, des agriculteurs, des professionnels, etc. Fait intéressant, certains ont enregistré l'investissement au nom de leurs enfants ou petits-enfants, réalisant de ce fait un véritable investissement pour le futur. L'autre 10 % des liquidités provient du FIDEME (Fonds d'investissement français dans les énergies et l'environnement). Le reste du projet a été financé par un prêt bancaire traditionnel de la banque Ethenia.

Erelia a investi 600 000 euros dans le développement préliminaire afin de mettre le projet sur les rails, notamment par des études de faisabilité, et la rénovation d'un ancien bâtiment qui deviendra le centre d'accueil des visiteurs. Pélissier prévoit que le taux de rendement sur l'investissement du projet devrait être de 7 %. Cet objectif, bien que considéré comme bas selon les standards nord-américains, n'est pas inhabituel pour des projets coopératifs en Europe.

Planification

Considérant le contexte français, le projet s'est développé très rapidement. Il n'a fallu que 18 mois entre les premières démarches et l'obtention du permis de bâtir. Même si 50 communautés et 2 départements étaient concernées par le projet, les permis ont été approuvés sans aucune objection. Pélissier attribue ce succès à ses efforts pour travailler avec la communauté et répondre rapidement aux interrogations des voisins. Ceci est particulièrement important dans les zones rurales où il y a peu d'éoliennes en fonction et où les rumeurs courent rapidement, affirme Pélissier. Lorsque qu'une rumeur démarre, il est en effet très difficile de la contrecarrer.

Pélissier explique que sa première action fut de démarrer la rénovation d'un édifice historique à l'abandon dans le village pour l'utiliser comme bureau et centre d'accueil des visiteurs. Cet investissement a rapporté puisqu'il a forcé le personnel d'Erelia à travailler dans la communauté, ce qui leur a permis de répondre rapidement aux préoccupations locales et aux rumeurs. La règle était d'être au minimum deux jours par semaine dans le village durant la phase de développement du projet. Ce fut une décision avisée d'investir dans cet édifice, étant donné que les résidents locaux n'ont cru au projet qu'une fois qu'ils ont vu Erelia construire le hall d'exposition. Aujourd'hui, 400 visiteurs passent chaque mois par le centre d'interprétation d'Erelia dans le village d'Igney, qui est au centre du développement.

Erelia a aussi établi une charte en 12 points définissant les principes de développement durable et de retombées locales du projet. Cette charte (disponible sur le site Internet) offre une assurance pour les villageois et la communauté environnante d'obtenir un maximum de bénéfices du projet.

Étant lui-même un politicien, Pélissier sait que la première règle du développement de projets en France est de contacter d'abord et avant tout les politiciens locaux, même avant de contacter les propriétaires fonciers. Cette pratique a bien servi Pélissier, puisque tous les politiciens locaux se sont rapidement montrés favorables au projet et l'ont supporté. Une autre stratégie efficace fut d'organiser un autobus par mois sur une période de deux ans pour permettre à un maximum de citoyens d'aller visiter une grappe d'éoliennes dans le Luxembourg voisin.

Les 12 membres de l'Équipe d'Erelia ont pris trois ans pour compléter ce projet de 32 MW, un des plus rapides développements de projet dans l'industrie éolienne française.

Retombées locales

Le projet permet non seulement la distribution des profits entre les propriétaires fonciers d'une manière plus équitable, mais aussi la redistribution des revenus de taxes entre les nombreux villages environnants.

Cela peut surprendre les Nord-Américains, mais les propriétaires fonciers qui accueillent des éoliennes ne reçoivent que 70 % des redevances payées pour les droits fonciers. Les 30 % restant sont payées aux propriétaires fonciers qui doivent vivre avec les turbines dans leur voisinage, mais qui n'ont pas eu la chance d'en recevoir sur leurs terres. La localisation des tours a été ajustée de façon à satisfaire le plus de propriétaires possible. Ces pratiques sont devenues courantes en Europe, spécialement en Allemagne, où l'on a été confrontés à la «jalousie éolienne» il y a déjà longtemps. Les redevances allouées pour les droits fonciers représentent environ 10 % des revenus bruts du projet, soit environ 4 000 euros par turbine de 2 MW. «Le Haut des Ailes» a des contrats de droits superficiaires avec 40 propriétaires.

Durant les négociations, Pélissier prit soin de garder les propriétaires fonciers bien informés. Chaque propriétaire foncier concerné était mis au courant de ce les autres recevraient. Même si cette information n'était pas révélée publiquement, elle était à tout le moins fournie à l'ensemble des propriétaires. Cette pratique contraste indéniablement avec la loi du secret qui prévaut dans ce type de transactions au Canada et aux États-Unis.

Tout compte fait, Pélissier anticipe que «Le Haut des Ailes» devrait «pomper» environ 200 000 euros vers l'économie locale à partir des revenus fonciers, des taxes et des revenus pour les entreprises locales.

Conclusion

Les projets d'Erelia ne s'arrêtent pas là. Pélissier espère pouvoir construire cinq autres projets comme «Le Haut des Ailes». Entre temps, il envisage une extension au projet actuel qui permettrait d'ajouter 4 éoliennes pour un total de 44 MW, le maximum pour le réseau local de distribution. Pélissier voudrait étendre le développement éolien régional avec participation communautaire dans tout le nord-est de la France en utilisant «Le Haut des Ailes»

Éolienne de Baie-des-Sables. Photographie de Nelson Côté.

comme modèle. Son influence risque d'être considérable. Quelques semaines après notre passage, une délégation du Québec[14] était là pour étudier comment bâtir des projets éoliens communautaires de façon à garder les profits dans leur communauté. « Le Haut des Ailes » étend déjà ses ailes au-delà de l'Atlantique.

---

14. La délégation québécoise était dirigée par Gaétan Ruest et M. Pélissier fut invité à présenter son expérience au Colloque de Rimouski (Municipalités, le défi éolien), www. uqar.ca/ chaumel/2006colloque/html.

CONCLUSION

Un modèle qu'il faut changer : les solutions

Roméo Bouchard

LE MODÈLE DE DÉVELOPPEMENT ÉOLIEN choisi par le gouvernement du Québec et Hydro-Québec est celui d'appels d'offres ouverts aux promoteurs privés.

Les municipalités, les groupes communautaires et les groupes autochtones peuvent y participer, mais ils ne sont guère avantagés dans la course par les règles établies. Les groupes locaux ne disposent toujours pas de quotas, ni de mesures de soutien technique et financier qui auraient pu compenser pour les moyens dont disposent de puissants promoteurs privés comme Trans-Canada ou SkyPower.

La négociation des partenariats possibles et des « compensations volontaires » aux communautés d'accueil est laissée entièrement à l'initiative des promoteurs, sans lignes directrices : seules les redevances aux propriétaires de sites devront, dans les projets à venir, respecter un plancher de 2 500 $ le MW.

Quant à l'obligation de contenu québécois et régional, elle concerne l'ensemble des dépenses du promoteur, incluant l'engagement de main-d'œuvre locale lors des

travaux de construction. Les investissements manufacturiers se sont limités pour le moment à des usines de montage.

Les normes à respecter dans l'implantation et la localisation d'éoliennes relèvent des MRC, selon un processus
décrit dans des orientations gouvernementales et balisé
par des règles minimales, souvent éparpillées dans divers
guides. Ces normes devront tendre à limiter les nuisances
visuelles et sonores, les dérangements à la faune et aux
écosystèmes, et garantir le démantèlement.

L'absence de planification du développement éolien sur
les terres privées et l'absence d'encadrement précis concernant la taille et la localisation des parcs ont favorisé
l'émergence de projets de parcs d'envergure industrielle.
Ceux-ci soulèvent des problèmes grandissants d'acceptation sociale en raison des effets cumulatifs qu'ils ont sur le
milieu et du peu de participation et d'avantages qu'ils
offrent à la population.

Pour solutionner la crise, diverses propositions ont été
avancées. Elles ont en commun de réclamer une remise en
question du modèle adopté. En conclusion, en voici un
résumé.

Moratoire et encadrement

Le BAPE (à plusieurs reprises), le Conseil régional de l'environnement du Bas-Saint-Laurent et la plupart des intervenants ont demandé au gouvernement de stopper la
machine, afin de revoir le modèle et de définir un encadrement permettant d'assurer une meilleure protection
du milieu et une meilleure participation de la population.
Plusieurs ont réclamé à cette fin la tenue d'audiences
génériques du BAPE.

Le gouvernement a finalement décidé, le 9 février 2007, de reporter au 15 septembre 2007 l'échéance du 15 mai, qui avait d'abord été fixée au 17 avril, et les livraisons prévues pour 2010 sont étalées jusqu'en 2015. L'incapacité des manufacturiers à satisfaire les commandes d'équipements d'ici 2010, les surplus d'électricité anticipés à Hydro-Québec et l'imminence d'une campagne électorale expliquent davantage ce report qu'une volonté réelle de corriger le tir. En effet, les modifications annoncées à cette occasion ne permettront pas de modifier le modèle de façon importante, ni de répondre aux revendications des populations concernées. Elles se limitent à fixer un plancher aux redevances accordées aux propriétaires, à redonner les 3 points qu'on avait supprimés pour la participation locale dans la grille de sélection des projets, et à assigner aux MRC un processus de réglementation à suivre. Le système d'appel d'offres au privé demeure intact et continuera à favoriser dans l'avenir des projets industriels lourds qui laissent trop peu de place aux partenariats communautaires et aux projets de petite envergure. Ces projets imposent aux milieux d'accueil des contraintes excessives qui ne sont pas compensées par des avantages substantiels.

Bonifier et encadrer les redevances

Le manque d'information publique et l'absence de critères pour encadrer le montant des redevances et compensations, ainsi que les clauses des contrats de propriété superficiaire, ont engendré des injustices et des inégalités néfastes, voire des conflits d'intérêts et des divisions sociales inacceptables. La population et ses élus ont été livrés en pâture aux prospecteurs de vent. Les comparaisons avec les redevances payées en Ontario ou ailleurs dans le monde ont provoqué une révolte compréhensible. Le minimum de 2 500 $ le MW établi comme redevance annuelle aux propriétaires de terrain (environ 1 % des revenus bruts) ne règle qu'une partie du problème. D'abord, ce plancher ne s'applique que pour les propriétaires de terrain et pour les projets du 2ᵉ appel d'offres. Les compensations à la communauté sont entièrement tributaires de la négociation des municipalités avec les promoteurs. À l'exemple d'Hydro-Québec qui a fixé à 3 % sa redevance sur les projets privés, plusieurs auraient souhaité que ces compensations à la communauté soient fixées à 2 % des revenus. Par ailleurs, plusieurs communautés et propriétaires exigent à bon droit une réouverture des contrats qu'on leur a fait signer sous pression et sans information suffisante. Les expropriés de Forillon ont déjà eu gain de cause dans un cas semblable.

Dans le contexte d'appels d'offres ouverts au privé, il appartient au gouvernement de définir un processus, des critères et un corridor de négociation, pour assurer la paix sociale et un partage équitable des redevances entre les propriétaires contractuels et l'ensemble de la communauté qui en supportera les inconvénients. Tout ce processus ne peut être laissé à l'arbitraire de promoteurs privés. Les redevances accordées dans le passé, et même celles que l'on a définies pour l'avenir, demeurent inférieures à celles qui sont accordées ailleurs (moins de 2 % des revenus ici en comparaison de 3 à 10 % ailleurs), alors que la productivité du vent est ici souvent supérieure. La marge de profit des promoteurs est estimée à environ 15 %. Selon les experts de l'UQAR, les redevances pourraient atteindre 12 % sans mettre en danger la rentabilité des projets. L'argument des promoteurs à l'effet que le prix payé par les consommateurs québécois pour l'électricité produite est inférieur à celui payé ailleurs n'est guère valable. En effet, comme nous le soulignait en privé un ancien haut dirigeant d'Hydro-Québec, si les promoteurs ont pu présenter des soumissions aussi basses que 6,5 cents le kWh, c'est précisément parce qu'ils ne donnent presque rien aux propriétaires et aux communautés locales, en plus de profiter de divers programmes de subventions publiques.

Les critères de retombées régionales et de participation des populations sur lesquels insiste la stratégie énergétique ne sont visiblement pas respectés.

Un encadrement pour protéger le milieu

Tous les intervenants s'entendent pour dire que le cadre de référence du gouvernement et d'Hydro-Québec, même avec les correctifs récents, est insuffisant. Pour éviter les dommages aux humains, à la faune et aux écosystèmes, il faut des règles plus claires sur la taille, la localisation, l'implantation et la gestion des parcs ; il faut une désignation des aires protégées et une planification régionale du développement éolien. Devant l'inexistence ou l'insuffisance des études d'impact, il faut mettre en place rapidement les mécanismes pour compléter les connaissances nécessaires et exercer un suivi qui puisse permettre de corriger le tir dans l'avenir. La profession de foi du gouvernement envers le développement durable exige qu'il fasse en sorte que l'industrie éolienne respecte les écosystèmes et obtienne une acceptation sociale raisonnable, ce qui n'est pas le cas présentement. L'entêtement du gouvernement à ne pas solutionner des problèmes tout compte fait relativement facile à résoudre risque à la longue de nous faire perdre l'adhésion à une forme d'énergie renouvelable de loin préférable aux grands barrages ou aux centrales thermiques ou nucléaires, alors que rien n'indique que nous sommes prêts à diminuer substantiellement notre consommation d'énergie.

Participation régionale

La formule d'appels d'offres mise en place ne permet pas une participation régionale suffisante. C'est la principale cause des problèmes d'acceptabilité sociale qu'elle suscite.

Comme l'affirme la nouvelle charte des CRERQ, « les populations et les communautés possèdent des droits prioritaires sur la ressource éolienne disponible sur leur territoire... Le partage des paysages implique le partage des revenus. »

D'abord, pour participer, la population doit être informée et consultée : or, aucun mécanisme démocratique et transparent n'est exigé ni appliqué à cet effet. Ensuite, la population doit pouvoir s'impliquer dans les projets, en devenir partenaire ou même propriétaire. Pour cela, il faut lui en donner les moyens. Dans la formule actuelle, il est clair que les règles sont faites sur mesure pour des promoteurs industriels qui ont l'expertise technique et la capacité financière. Le retour des 3 points, accordés dans la grille d'évaluation à un projet qui comporte une participation locale de plus de 10 %, est insuffisant à lui seul pour qu'il y ait un avantage certain pour un promoteur privé à établir des partenariats avec la population et pour qu'il soit réaliste pour un groupe local de participer à l'appel d'offres. Pour concourir à armes égales, les projets communautaires devraient disposer de programmes de soutien technique et financier. En outre, il est de plus en plus évident qu'Hydro-Québec ne sera probablement pas en mesure d'intégrer sur son réseau les projets communautaires en préparation. Il faudrait donc réserver au départ pour les projets communautaires un quota des appels d'offres (certains ont proposé 10 %, soit 200 MW dans le 2e appel d'offre de 2 000 MW) et les espaces correspondants sur le réseau de transport d'Hydro-Québec.

Quant au 500 MW futurs réservés aux communautés régionales et autochtones, on ignore encore quand et dans quelles conditions ils seront accessibles. Des projets communautaires se mettent en place, comme à Saint-Noël, dans la Matapédia, au Lac-Saint-Jean, et des équipes d'universitaires ou d'éducation à la coopération tentent de coordonner les efforts pour définir un modèle coopératif de parc éolien. Ces groupes ont également engagé un recours collectif pour réclamer les crédits de carbone des développements éoliens dont Hydro-Québec-Distribution entend s'accaparer.

Toutes ces initiatives sont courageuses et préparent sans doute des alternatives pour l'avenir. Mais rien ne garantit qu'elles pourront aboutir et elles ne remplaceront pas à elles seules une approche qui ferait de l'énergie éolienne l'énergie du peuple et un levier de développement des communautés en difficulté. Elles ne redonneront pas non plus à notre société d'État Hydro-Québec la propriété, le contrôle et les profits de ce gigantesque chantier d'énergie électrique éolienne.

La nationalisation

Dans le dossier de l'éolien, ce n'est pas la question environnementale qui inquiète le plus – en autant bien sûr qu'on sache encadrer correctement les développements – mais plutôt la question de la propriété des parcs et des profits qu'ils génèrent. Les premiers à dire que c'est

Hydro-Québec, et non des promoteurs privés, qui devraient bâtir et posséder les parcs éoliens furent les syndiqués d'Hydro-Québec[15].

Le vent est une ressource collective : elle appartient à tous les Québécois et non à une poignée d'actionnaires étrangers. Hydro-Québec nous appartient et possède déjà toutes les ressources nécessaires pour devenir un leader mondial dans cette énergie renouvelable.

Les intérêts des compagnies qui font de l'éolien sont en majorité étrangers. La presque totalité des pièces qui servent à construire les éoliennes sont fabriquées à l'extérieur du Québec. Les seules retombées économiques réelles pour le moment sont les quelques emplois d'assemblage et les très minces redevances versées aux localités et propriétaires terriens. Ces redevances ne représentent qu'un très faible pourcentage des profits. Hydro-Québec doit être le maître d'œuvre de la production d'énergie éolienne.

Pour quelle raison serait-il préférable de laisser partir les profits de tels investissements aux actionnaires étrangers plutôt que de les garder dans la caisse d'Hydro-Québec et de demander à celle-ci de les partager avec les régions d'accueil ? Pourquoi ce qui a été bon pour l'hydroélectricité ne le serait-il pas pour l'électricité éolienne ? Tout indique que les promoteurs privés sur les rangs ne possédaient pas au départ plus d'expertise dans l'éolien qu'Hydro-Québec. Pourquoi priver le Québec, Hydro-Québec et les régions de ces profits ?

---

15. On trouve de nombreux articles sur l'éolien dans le *Journal le 1500*, que l'on peut consulter à l'adresse www.scfp1500. org.

L'idée a commencé à circuler et a rebondi au conseil national du Parti Québécois, qui a adopté la résolution suivante : « Sous un gouvernement du Parti Québécois, Hydro-Québec prendra en charge le développement éolien via la nationalisation. Hydro-Québec devra favoriser le partenariat avec les régions et les communautés autochtones au moyen de co-entreprises (MRC, municipalités, coopératives, etc.) pour maximiser les retombées régionales. »

Les auteurs de la résolution ont par la suite précisé, après le refus d'André Boisclair d'appuyer un non-respect des contrats octroyés, que « nationalisation » voulait dire ici appropriation de nos richesses naturelles pour l'avenir et non expropriation des parcs éoliens existants, qui reviendront de toutes façons à Hydro-Québec à la fin des contrats de 25 ans. Ce qui est en cause, ce sont les profits générés. Iront-ils aux Québécois et aux régions en difficulté où on les installe, ou à des actionnaires majoritairement étrangers ? On pourrait aussi bien parler de monopole d'Hydro-Québec sur le développement éolien.

On fait remarquer avec raison qu'Hydro-Québec ne s'est pas signalée dans le passé par sa capacité de partager avec les régions où elle installe ses barrages et équipements. Mais, comme le fait remarquer Pierre Dubuc dans *L'Aut'Journal*, « la solution ne réside pas dans une alliance entre les pouvoirs régionaux et des entreprises étrangères contre ces instruments collectifs que doivent être nos sociétés d'État ».

L'interdiction à Hydro-Québec-Distribution de s'impliquer, même dans des projets sur des terres publiques, fait en sorte que les Premières nations envisagent de bâtir, pour l'exportation, des parcs éoliens dans le nord avec des compagnies privées plutôt qu'avec Hydro-Québec comme ils l'auraient souhaité.

Québec solidaire a adopté pour sa part une résolution qui propose également la nationalisation de l'éolien et sa gestion par une société d'État semblable à Hydro-Québec, Éole-Québec, avec un mandat clair de développement régional :

> Éole-Québec, une société publique qui sera au cœur du développement de cette industrie qu'il développera en coresponsabilité avec les instances de démocratie participative locales, régionales et autochtones qui seront responsables de la mise en œuvre des nouveaux projets, dans le respect des résultats des consultations publiques, et pourront conserver une part équitable des bénéfices issus de ceux-ci.

Pour qui souffle le vent ?

Le Québec est un des seuls pays à avoir opté pour un modèle éolien aussi suicidaire et aussi mal accepté en milieu habité, « un modèle de colonisé », selon l'expression du maire d'Amqui, « une filière rhodésienne... qui engraisse le parc immobilier torontois », selon les craintes exprimées par le maire de Saint-Prime et président de la Fédération québécoise des municipalités, Bernard Généreux.

Les groupes communautaires et régionaux ont jusqu'ici concentré leurs efforts et leurs revendications sur des questions relatives à l'information et à la consultation des populations visées, aux impacts des parcs sur le milieu, à la localisation des éoliennes, à l'insuffisance et à l'arbitraire des redevances accordées et surtout, à la place qui devrait être faite aux projets communautaires et locaux dans les appels d'offres. Mais peu ont remis en question le système même d'appels d'offres actuel, qui est pourtant à la source de tous ces problèmes. En effet, en interdisant à Hydro-Québec de participer aux appels d'offres et en réservant ceux-ci au privé, sans établir de limites sur la taille des parcs ni d'obligation et de quotas contraignants sur la participation locale, il était inévitable que les grandes firmes mondiales reliées à l'énergie et au pétrole se précipitent sur l'occasion et présentent des mégaprojets, situés à proximité des équipements publics, difficiles à intégrer en milieu habité, laissant peu de place et peu de chance aux petits projets locaux et peu de retombées économiques dans les communautés locales. Placés devant un fait accompli et des dizaines de mégaprojets privés déjà coulés dans le béton, les communautés locales font ce qu'elles peuvent pour sauver les meubles. Mais il faut être conscient qu'il ne suffit pas de bonifier la formule d'appels d'offres. Il faut remettre en question la privatisation du développement éolien au profit d'intérêts extérieurs et le modèle de développement éolien en milieu habité qui en a découlé. Tant qu'on cédera la ressource éolienne à des grandes firmes étrangères, on ne ramassera que des miettes et du mécontentement.

Hydro-Québec ou les promoteurs privés? Voilà le premier grand enjeu du modèle de développement éolien du Québec. Le deuxième, c'est la place que les promoteurs (public ou privé) feront aux projets locaux de petite envergure et à la population dans le partage des bénéfices. De la réponse à ces deux questions dépend en grande partie l'acceptabilité sociale et environnementale des projets.

Beaucoup estiment que tous les projets futurs devraient être mis en œuvre par Hydro-Québec en partenariat avec les communautés locales ou régionales. D'autres estiment qu'il ne faut pas fermer la porte aux promoteurs privés, mais les obliger, tout comme Hydro-Québec, à des partenariats véritables avec le milieu. Quant aux appels d'offres en cours, à tout le moins, Hydro-Québec devrait être autorisée et incitée à lancer des projets de petits parcs éoliens en partenariat avec les communautés locales.

Ces enjeux exigent une réponse du gouvernement qui va au-delà de la conjoncture électorale et des problèmes d'approvisionnement en équipements éoliens. Sans un moratoire ou un report adéquat de l'échéance des appels d'offres, et surtout sans une volonté d'aller au-delà de correctifs dont le seul but est de calmer la grogne, on ne voit pas comment le gouvernement pourrait redresser la situation, rendre justice aux populations concernées et justifier une telle spoliation aux yeux de tout le Québec. Ce redressement doit se faire le plus tôt possible de façon à sécuriser les projets en plan et les développements subséquents au cours des années à venir.

La stratégie énergétique du Québec 2005-2015[16]

Les objectifs

LA STRATÉGIE ÉNERGÉTIQUE s'articule autour de six objectifs:

1. Le Québec doit renforcer la sécurité de ses approvisionnements en énergie.

2. Nous devons utiliser davantage l'énergie comme levier de développement économique. La priorité est donnée à l'hydroélectricité, au potentiel éolien, aux gisements d'hydrocarbures et à la diversification de nos approvisionnements en gaz naturel.

3. Il faut accorder une plus grande place aux communautés locales et régionales et aux nations autochtones.

4. Nous devons consommer plus efficacement l'énergie.

5. Le Québec entend devenir un leader du développement durable.

6. Il faut déterminer un prix de l'électricité conforme à nos intérêts et à une bonne gestion de la ressource, ce qui permet d'améliorer les signaux de prix tout en protégeant les consommateurs et notre structure industrielle.

Les orientations et les priorités d'action:

1. *Relancer et accélérer le développement de notre patrimoine hydroélectrique*

---

16. Extraits du document officiel du ministère des Ressources naturelles et de la Faune intitulé *L'énergie pour construire le Québec de demain*.

Avec la mise en œuvre de 4 500 MW de nouveaux projets d'ici les cinq prochaines années pour répondre à la demande à long terme du marché québécois, susciter du développement industriel créateur de richesse et pour exporter.

Le gouvernement n'entend pas promouvoir le développement de petites centrales privées (50 MW et moins). Le gouvernement croit opportun de laisser aux milieux intéressés de développer de tels projets dans la mesure où ils sont appuyés par le milieu, génèrent des bénéfices pour leur région et sont sous le contrôle de la communauté. Ces projets, développés par et pour les communautés locales, devront être soumis au processus environnemental du BAPE et faire l'objet d'une entente avec Hydro-Québec sur le prix d'achat de cette énergie avant d'être présentés au gouvernement.

Le gouvernement entend par ailleurs faire en sorte que, une fois ses besoins comblés, le Québec puisse accroître ses exportations d'électricité.

La stratégie confirme la volonté du gouvernement de conserver l'avantage québécois en matière de tarifs d'électricité par le maintien du bloc patrimonial au prix de 2,79 ¢ le kWh et de tarifs concurrentiels pour le développement économique.

2. *Développer l'énergie éolienne, filière d'avenir*

Le gouvernement souhaite développer le potentiel d'énergie éolienne économiquement intégrable au réseau d'Hydro-Québec, soit 4 000 MW compte tenu des technologies connues, favorisant ainsi une énergie rapide à développer à des coût compétitifs, acceptée socialement, profitable aux régions-ressources et qui contribue au développement durable.

Le gouvernement procédera au développement éolien en menant à bien deux appels d'offres lancées en 2003 et 2005 par Hydro-Québec totalisant 3 000 MW, soit 10 % de la demande de pointe en électricité. Le gouvernement souhaité qu'Hydro-Québec-Production ne participe pas aux appels d'offres.

Ces appels d'offres génèrent des investissements de 4,9 milliards de dollars et comprennent des exigences quant au contenu québécois (60 %), avec une préoccupation particulière pour la région de la Gaspésie-Îles-de-la-Madeleine et la MRC de Matane.

D'autres appels d'offres seront lancés, lorsque les conditions seront plus favorables au rythme de 100 MW d'énergie éolienne pour chaque 1 000 MW d'hydroélectricité nouveaux.

Un appel d'offres supplémentaire de 500 MW sera lancé pour deux blocs distincts de 250 MW réservés respectivement aux régions (MRC) et aux nations autochtones (projets limités à 25 MW).

Un mandat est donné à Hydro-Québec pour améliorer les conditions d'intégration de l'énergie éolienne.

Hydro-Québec prend les moyens pour assurer une sélection des meilleurs projets sur la base de critères reflétant les préoccupations du gouvernement, pour assurer les retombées régionales et favoriser l'implication directe des communautés régionales et autochtones, encadrer l'attribution de terres publiques, exiger la conformité aux schémas d'aménagement, assurer l'harmonisation des usages sur le territoire public et garantir le démantèlement complet du parc éolien à l'intérieur d'un délai de deux ans suivant l'arrêt de son exploitation.

Dans les communautés non reliées au réseau principal, l'énergie éolienne couplée avec les génératrices diesel permettra de réduire la consommation de carburant pour la production d'électricité.

Pourquoi le secteur privé ?

Les raisons qui militent pour un développement éolien par le secteur privé et non par le secteur public sont les suivantes :

— la nationalisation du secteur hydroélectrique dans les années 1960 visait avant tout l'uniformisation des tarifs à l'échelle du Québec et une desserte de l'ensemble du territoire, objectifs aujourd'hui atteints ;

— plusieurs entreprises spécialisées sont déjà solidement implantées dans le marché et maîtrisent bien les technologies liées à l'éolienne ;

— la concurrence demeure le meilleur moyen d'assurer des approvisionnements au plus bas prix ;

— les risques inhérents – telle la variabilité des vents – sont supportés par les promoteurs ;

— les conditions posées par le gouvernement pour encadrer les appels d'offres permettent d'assurer la maximisation des retombées pour l'économie québécoise, de favoriser l'émergence d'un secteur manufacturier de l'industrie éolienne et de structurer le développement de formules de partenariat avec le milieu ;

— cette approche permet d'associer directement les milieux concernés aux projets et d'éviter un modèle unique ;

— sans être propriétaire des parcs éoliens, Hydro-Québec demeurera en définitive l'acheteur unique de l'électricité qui sera produite en vertu des appels d'offres et des contrats d'une durée possible de 25 ans, avant d'être remis à Hydro-Québec.

3. *Utiliser l'énergie de façon plus efficace*

Les actions proposées par le gouvernement permettront, à l'horizon 2015, de multiplier par huit la cible globale en efficacité énergétique par rapport aux cibles actuelles : une baisse de 10 % de notre consommation de produits pétroliers, la promotion de carburants renouvelables (5 % d'éthanol), la valorisation de la bio-masse forestière et agricole et des déchets humains plu-tôt que la filière maïs-grain, priorité au transport en commun et aux véhicules à consommation faible, struc-ture tarifaire favorisant l'économie d'électricité, promo-tion du gaz naturel, etc.

4. *Innover en énergie*

   Soutien à la géothermie et au solaire, à l'éthanol-carburant, au bio-diesel, à la mise en valeur des rési-dus forestiers et agricoles de même que des déchets humains, etc.

5 *Consolider et diversifier les approvisionnements en pétrole et en gaz naturel*

   Le gouvernement souhaite la mise en valeur des res-sources pétrolières et gazières du golfe et de l'estuaire du Saint-Laurent, par une approche respectueuse de l'environnement.

   Les terminaux méthaniers permettraient de diversifier nos approvisionnements et renforcer notre sécurité énergétique face à des approvisionnements en gaz natu-rel provenant de l'Ouest canadien qui sont soumis à for-tes pressions, et qui sont acheminés par un seul système de transport.

6. *Moderniser le cadre législatif et réglementaire*

   Pour mieux répondre aux besoins des ménages à faible revenu, aux exigences du développement durable et aux normes de fiabilité du transport d'électricité.

La filière éolienne québécoise

Historique

1990   Première expérience avec le Parc éolien Le Nordais, à Cap-Chat et Matane, avec le promoteur Axor Inc. : 133 tours pour 100 MW.

1998 et ss. : contrats gré à gré : 360 MW
         Parcs d'essai de Rivière-aux-Renards et St-Ulric (6 MW)
         Parc Le Nordais avec Axor (100 MW)
         Les trois parcs de Murdochville avec 3CI (90 MW)
         Projet de Parc de Rivière-du-Loup (Terravents) avec Skypower (134 MW)
         Projet de St-Ulric avec Axor (30 MW)

2005   Stratégie énergétique
         À la suite de l'abandon du projet de centrale au gaz du Suroît, virage vers l'énergie renouvelable (éolien) et l'exportation d'énergie.

         Le potentiel éolien du Québec, particulièrement au nord du Saint-Laurent et dans l'est, est illimité. Mais le potentiel intégrable au réseau électrique actuel d'Hydro-Québec est estimé à 4 000 MW.

2003   Premier appel d'offres d'Hydro-Québec-Distribution pour 1 000 MW, ouvert à la Gaspésie seulement.

2005   Deuxième appel d'offres d'Hydro-Québec-Distribution pour 2 000 MW, ouvert à tout le Québec. Échéance pour les soumissions : 17 avril, reporté au 15 mai 2007, reporté au 15 septembre 2007.

2006   Ajout de 500 MW pour des projets communautaires ou autochtones.

2007   Modifications au 2e appel d'offres : échéance, redevances minimales, grille de pondération, orientations pour la planification et réglementation du développement éolien dans les MRC.

Modèle et processus

1. Soumission d'un projet

Le promoteur soumissionnaire doit préparer un projet qui comprend le choix d'un site, les contrats d'option sur les terrains privés ou lettres d'intention sur les terres publiques, la conformité aux réglementations municipales, les garanties financières et fonds de démantèlement, les preuves d'expérience et de maturité technique, le plan de raccordements avec le réseau électrique, l'entente avec des manufacturiers, le contenu régional (30 %) et québécois (60 %) minimum exigé (dépenses), les mesures de vent et la production anticipée, les études environnementales (impacts directs et cumulatifs). Le cadre de référence à cet effet établit que le bruit ne doit pas dépasser 45 décibels le jour et 40 la nuit maximum, que les corridors de migration, sites d'hibernation et de nidification des oiseaux doivent être protégés, fournit un guide et un plan de développement éolien sur les terres publiques pour assurer l'intégration visuelle et l'harmonisation des usages. Hydro-Québec n'est pas autorisée à participer à l'appel d'offres, mais prélève 3 % des revenus sur les contrats privés.

2. Sélection des projets soumis

La sélection des projets se fait selon un pointage et une grille de pondération où, en plus des considérations relatives au coût, des points sont accordés à différents critères non monétaires. Ils ont été modifiés en cours de route de façon à augmenter les points accordés au critère monétaire (prix de la soumission) et à éliminer 3 points qui étaient accordés pour les projets comportant une participation de groupes municipaux ou communautaires à plus de 10 %. Les groupes citoyens réclamaient plutôt que soient accordés 20 points à ce critère, de façon à prioriser les projets impliquant la participation des communautés régionales.

Le critère monétaire (prix de la soumission), lui-même modulé selon plusieurs critères techniques, comporte 45 points.

Les critères non monétaires totalisent 55 points répartis comme suit :

· 20 points pour un contenu régional dépassant le 30 % requis ;

15 points pour un contenu québécois dépassant le 60 % requis ;

4 points pour la solidité financière ;

3 points pour l'expérience pertinente du soumissionnaire, du personnel et du manufacturier ;

4 points pour la faisabilité (raccordement, plan directeur, prévisions de production et plan d'obtention des autorisations environnementales) ;

9 points pour l'aspect développement durable, soit 3 points pour une participation autochtone ou locale supérieure à 10 %, 1 point (terres privées) ou 4 points (terres publiques) pour les paiements allouées aux communautés, 2 points pour l'appui des élus aux projets sur les terres publiques, 2 points pour la conformité des projets sur les terres privées au cadre de référence établi sur le modèle de l'entente entre Hydro-Québec et l'UPA pour le passage de lignes de transmission, et 2 points pour les paiements accordés aux propriétaires privés.

Au total : 100 points

Les contrats sont d'une durée de 15 à 25 ans, après quoi les installations reviennent de droit à Hydro-Québec.

3. Les retombées régionales du premier appel d'offres

Emplois durant la construction : 2 000 emplois pour 1 000 MW

Emplois d'entretien permanents : 100 emplois pour 1 000 MW

Usines d'assemblage (pales, tours, turbines, nacelles) à Gaspé et Matane : 400 emplois

Investissements : 2 milliards de dollars

Possibilité de partenariat local ou régional avec le promoteur

Revenus de location de terrain (environ 1 500 $ par année par tour)

Compensations volontaires aux communautés en lieu de taxes (environ 1 000 $ par tour)

Au terme de la réalisation du 2e appel d'offres, en 2015, on estime que les 4 000 MW auront apporté un investissement de 6 milliards de dollars.

Entreprises privées qui ont répondu aux appels d'offres

Note : les projets du 1er appel d'offres sont maqués d'une étoile (*) et ceux du 2e appel d'offres de deux étoiles (**). La présente liste n'est pas complète, car des projets s'ajoutent de semaine en semaine, mais elle donne une idée de la compétition.

1. **Axor Inc.** : multinationale, siège social à Montréal
   Contrat gré à gré : Le Nordais (Cap-Chat et Matane), 133 tours-100 MW, 1999 Matane (St-Ulric), 50 tours-75 MW, 2007

2. **Boralex** : multinationale québécoise, filiale de Cascades, siège social à Montréal
   Projets : Bloc communautaire : Cabano **
   St-Anaclet, 50 MW **
   Projet des terres du Séminaire de Québec (Charlevoix), en partenariat avec Gaz Métro et le Séminaire de Québec, 400 MW**

3. **Cartier Énergie (Trans-Canada 50 % – Innergex 30 % – RES-USA-Canada 20 %)**
   Porte-parole : Gilles Lefrançois (Innergex)
   Projets : 7 projets en Gaspésie (Baie-des-Sables, Anse-à-Valleau, Carleton, Les Méchins, 2 à Gros Morne, Montagne sèche)
   493 tours- 740 MW *

   Trans-Canada : multinationale canadienne (pipelines), siège social à Calgary (Alberta)
   Projet au Témiscouata, 110 MW **
   Projet à St-Honoré, 120 MW **
   Projet à St-Antonin **

Projet à Sacré-Cœur (Amiante) **
Projet à Trinité-des-Monts **

Innergex: multinationale, bureau à Montréal
Projet au Bas-Saguenay**
RES-Usa-Canada: multinationale-énergie éolienne

4. **Éolectric**: multinationale canadienne, siège social à
Longueuil
Projets: Lac de l'Est (Kamouraska), 100 MW **
Ste-Marguerite, 70 MW **
Témiscouata. **
Frampton **

5. **FPL (USA)**: multinationale états-unienne
Projet: St-Honoré, 125 MW **

6. **Airtricity**: multinationale irlandaise
Projets: St-Fortunat et St-Pierre-de-Broughton
(Amiante) **

7. **Hydromega**: firme québécoise, siège social à Montréal
Projet: St-Irène, Matapédia, 70 MW **
Réserve faunique des Laurentides, 360 MW

8. **Kruger Energy**: multinationale québécoise, siège
social à Montréal
Projets: Les Hauteurs, 100 MW **
Luceville, 50 MW **

9. **Northland Power**: multinationale, siège social à
Toronto
Projets: Jardin d'Éole (St-Ulric-St-Léandre-
St-Damase), 100 tours-150 MW, 2007
Mont-Louis, 67 tours-100 MW, 2010 *
St-Léon-Frampton-St-Malachie (Beauce-Bellechasse) **

10. **Skypower**: multinationale, siège social à Toronto
Spécialisé dans les projets éoliens (26 dans 8 provinces
canadiennes)

Projets: contrat gré à gré: Terravents, Rivière-
du-Loup, 134 tours-201 MW
Beauce (St-Odilon) *

11. 3CI: multinationale, siège social au Québec
Projets: Contrats gré à gré: Murdochville (Miller),
30 tours-54 MW, 2005
Murdochville (Copper), 30 tours-54 MW, 2005
Murdochville, 30 tours-54 MW, 2007
Thetford Mines, Kinnear's Mill, Coleraine et St-Jean-
de-Brébœuf, 130 tours, 200 MW **
St-Octave (Mitis), 50 MW **
Asbestos**

Groupes citoyens et projets communautaires

Groupes de pression

Rivière-du-Loup: Vigilance-éolienne, Normand Couillard, 418-860-2344

Saint-Ulric-Saint-Léandre: Éole-Prudence, Claude Lucier, 418-759-5205, www.eoleprudence.org

Mont-Saint-Louis: Stephan Patenaude 418-797-1389

Beauce: Association pour la gestion démocratique du patrimoine environnemental, porte-parole: Jacques Gilbert, 418-479-2111

Amiante: Club du nouvel air des villages de montagne, Christian Noël de Tilly, 418-424-3107

France: site des opposants au développement éolien industriel: www.ventdubocage.net

Projets communautaires

Matapedia: Projet Sidem, Marc Bélanger, maire de Val-Briand, 418-742-3111

Saint-Noël: Projet Une éolienne-Un village, Gilbert Otis, 418-776-2823

Lac-Saint-Jean: Projet Val-Éo, Patrick Côté, 418-343-3756 (regroupe 58 agriculteurs et une centaines d'investisseurs locaux)

Plusieurs projets coopératifs de 9 MW sont parrainés par les Coopératives regroupées en énergies renouvelables du Québec (CRERQ).

Ontario: WindShare (Toronto renwable energy coopérative et Ontario Sustainable Energy Association)

France: Groupe Erelia, www.ereliagroupe.fr, www.lehautdes ailes.fr, Responsable: François Pélissier

Manifeste de Saint-Noël

Urgence d'agir pour un véritable développement régional durable de l'énergie éolienne au Québec

Grand rassemblement des forces citoyennes du Québec pour définir une plate-forme de revendications au gouvernement du Québec, à la Régie de l'énergie et à Hydro-Québec, le 7 février 2007 à Saint-Noël, Matapédia, Québec

L'éolien au Québec : une loterie du développement régional

LE BILAN DE L'ANNÉE 2006 dans l'éolien permet de conclure que l'orientation du gouvernement ressemble de plus en plus à une loterie du développement régional. Tous les projets sont des combinaisons qui risquent, pour la majorité d'entre eux, d'être perdants pour les communautés du Québec.

La situation actuelle de l'éolien est un nouveau drame qui isole et divise les citoyens. Les clauses de confidentialité des contrats d'option et les ententes prises secrètement avec des élus en sont la cause. On ne peut pas faire de développement régional et local dans le secret, en isolant les citoyens et les élus. Les projets privés actuels, en nous divisant, déstructurent nos communautés et nos pouvoirs municipaux.

Le gouvernement a tenté de nous écarter des projets majeurs dans l'éolien en nous confinant aux projets communautaires. De plus, ni le gouvernement, ni la Régie de l'énergie, ni Hydro-Québec ne peuvent nous assurer que le réseau pourra supporter nos projets communautaires à venir. Les négociations actuelles, comme celle de Rivière-du-Loup, démontrent que les citoyens sont perdants. Le retrait du groupe de citoyens de Vigilance-éolienne en est la preuve. Les expériences ailleurs dans le monde démontrent clairement que le modèle de développement de l'éolien passe par un réel partenariat avec les communautés pour l'acceptabilité sociale.

De plus, la répartition régionale inéquitable des projets cause préjudice à plusieurs communautés qui préparent des projets et souhaiteraient pouvoir les réaliser. Pendant ce temps, des changements de règles en cours de processus d'appel d'offres pénalisent les communautés et les entreprises promotrices. Le développement anarchique et trop rapide de l'éolien crée aussi l'impossibilité de développer une véritable filière économique génératrice de développement local et régional dans nos communautés.

En conséquence :

Considérant que l'actuel développement éolien crée des divisions et plusieurs situations inéquitables entre les citoyens et les municipalités,

Considérant que l'actuel appel d'offres de 2 000 MW, en raison du manque de planification adéquate du développement éolien, risque de causer préjudice à nos régions au plan social, économique et environnemental,

Considérant que le réseau de transport d'Hydro-Québec risque de ne disposer d'espace sur le réseau pour intégrer les projets communautaires dans nos régions de l'Est du Québec (Bas-Saint-Laurent, Gaspésie et Côte-Nord),

Considérant que le gouvernement et les MRC (RCI) modifient les règles du jeu de l'appel d'offres pour les entreprises et pour la population en plein processus,

Considérant les avantages considérables de la ressource éolienne pour nos populations et l'importance de partager équitablement cette ressource,

Considérant que les investisseurs québécois, citoyens comme entreprises, et non seulement des entreprises étrangères, ont droit de participer au développement énergétique du Québec.

Considérant que la filière industrielle éolienne, au plan manufacturier, ne bénéficie que de façon marginale au développement de nos régions dans sa forme actuelle,

L'assemblée des citoyens réunis à Saint-Noël ce 7 février 2007 a résolu les requêtes suivantes pour un développement éolien durable :

Que soit *suspendu de 6 mois* le processus d'appel d'offres actuel de 2 000 MW (A/O 2005-03) et de projets de gré à gré dans l'éolien jusqu'au 15 octobre 2007 pour réaliser les étapes suivantes :

1. Tenir une *consultation nationale* des citoyens et organisations sur le territoire, sous forme de BAPE générique élargi d'une durée de deux mois, afin de permettre une révision de l'appel d'offres en place, la réalisation des RCI dans les MRC et la définition claire des barèmes de collaboration entre les communautés et les promoteurs privés.

2. Rendre disponibles au public *les expériences des autres pays* via le site d'Hydro-Québec et tout autre moyen pour sensibiliser la population aux expériences de développement éolien ailleurs dans le monde, et que ces expériences soient prises en compte dans la consultation nationale.

3. Exiger des organismes d'État, tels que la Régie de l'énergie, la Commission de protection du territoire agricole et Hydro-Québec qu'ils définissent clairement les *règles de développement éolien* suite à des consultations publiques et diffusent ces règles avant tout processus de développement (appel d'offres) et que ces règles ne changent plus ensuite pendant les appels d'offres.

4. Définir la notion *d'acceptabilité sociale* et l'intégrer dès l'actuel appel d'offres d'Hydro-Québec de 2 000 MW (A/O 2005-03) et dans l'ensemble des autres appels d'offres dans l'éolien ainsi que les projets de gré à gré, afin de ne pas causer plus de préjudices aux populations impliquées.

5. Développer, suite à ces consultations, une *charte de l'éolien au Québec* qui établisse, pour les projets éoliens, les conditions environnementales, paysagères et communautaires à respecter, ainsi que la répartition des retombées économiques et le calcul des effets cumulatifs dans les milieux.

6. Confier aux municipalités la responsabilité du *proces-sus de consultation publique* en partenariat avec les MRC pour tout projet éolien sur son territoire tant en terre publique qu'en terre privée.

7. Exiger des organismes d'environnement une évalua-tion des impacts sur le milieu végétal et les habitats fauniques, en fonction des critères du BAPE, et inté-grer *l'aspect environnemental et paysager* dans la consultation de la population qui doit avoir lieu dès le début des projets.

8. Accorder un *caractère décisionnel et obligatoire au processus de consultation publique* de la communauté pour chaque projet éolien sur son territoire (en terre privée et publique), et ce, avant le mesurage des vents et les études préliminaires, pour éviter des dépenses inutiles aux promoteurs et permettre aux populations de participer dès le début.

9. Respecter la *charte québécoise du paysage* dans les projets éoliens.

10. Permettre à *d'autres opérateurs de projets et d'autres manufacturiers* d'entrer dans l'appel d'offres d'Hydro-Québec du 2000 MW (A/O 2005-03) jusqu'au 15 mai 2007, compte tenu qu'il n'y a que trois entreprises manufacturières (dont une qui dit vouloir se désister) et que cela risque de faire augmenter artificiellement les prix des turbines.

11. Donner aux *municipalités* la possibilité de contribuer aux partenariats avec les entreprises privées/commu-nautaires dès l'appel d'offres du 2 000 MW.

12. Octroyer des *pointages* aux initiatives de partenariat entre les populations et les promoteurs privés en fonction de la participation économique, sociale et technique des milieux.

13. Élargir le contenu régional et québécois à l'ensemble et à toute la durée du projet, et non seulement pour la phase de construction, de façon à tenir compte du

financement des projets et des partenariats entre privé et communauté.

14. Permettre à *Hydro-Québec* de participer au plan technique et financier dans les partenariats avec les communautés et les partenariats.

15. Interdire les *projets en terre publique* aux promoteurs privés qui n'auront pas conclu de partenariat avec les communautés (l'ensemble des citoyens de la communauté et pas seulement les conseils municipaux).

16. Favoriser les projets de petite envergure pour permettre à un maximum de communautés de bénéficier des projets éoliens et pour associer les promoteurs privés à cette dynamique de développement local et régional.

17. Ajuster *les redevances des propriétaires fonciers* pour qu'elles soient égales sur tout le territoire du Québec, même pour les projets déjà octroyés par imposition ou en partenariat avec les privés.

18. Bloquer des *espaces-réseau* dans chaque région du Québec pour les projets communautaires et coopératifs, et rendre public la planification effectuée en ce sens.

19. Faciliter le développement de (PPPP) *Partenariat Public-Privé-Population* comme modèle québécois du développement éolien.

20. Exiger du gouvernement du Québec des *programmes de financement* pour favoriser le partenariat entre les promoteurs privés et les communautés.

21. Offrir des programmes de crédit pour les communautés qui ont développé des projets de partenariat avec les privés et des projets communautaires.

22. Faire des pressions sur le gouvernement fédéral pour obtenir des programmes de crédit de la part du fédéral dans l'éolien.

23. Que le processus d'appel d'offres soit relancé dès le 16 mai 2007 avec une charte de l'éolien, et de nouveaux opérateurs et manufacturiers, avec une *échéance au 15 octobre 2007*.

Contrats de propriété superficiaire

Quelques conseils pratiques

1. Se préparer en rencontrant les voisins et en consultant l'UPA.
2. Choisir un avocat pour le groupe et le faire payer par le promoteur.
3. Prévoir une clause relative au transfert du contrat.
4. Prévoir une clause sur l'apparence de la tour (peinture, entretien, etc.).
5. Prévoir une clause sur le site exact des bâtiments d'appoint et les matériaux de construction.
6. Prévoir une clause pour exiger le respect de bonnes pratiques de construction pour éviter les dommages au milieu naturel et aux sols.
7. Interdire les huiles lubrifiantes toxiques et la disposition d'autres déchets.
8. Mentionner le début et la fin du contrat.
9. Demander un paiement minimum de 5 000 $ par an, indexé selon la valeur du terrain, plus les pertes de récoltes, y compris pour les tours de test de vent.
10. Demander des redevance supplémentaire de 3 % du revenu brut (incluant les crédits de carbone), jusqu'à 10 % des revenus bruts après la période d'amortissement.
11. Prévoir une assurance-responsabilité payée par le promoteur.
12. Exiger un dédommagement pour la dépréciation de la ferme due à l'éolienne.

13. Éliminer les clauses limitant vos droits autres que sur le vent (sous-sol, eau, vente, droit de parole, etc.).

14. Prévoir un droit de rétractation dans les 30 jours précédant la signature.

15. Prévoir une durée maximale de 20 ans, d'abord 3 ans, puis 20 ans, puis aux 5 ans.

16. S'entendre pour vendre de l'électricité exclusivement à Hydro-Québec.

17. Définir les périodes où l'accès à la tour est autorisé et interdit.

18. Offrir une superficie ne dépassant pas 2 hectares.

19. Planifier le remboursement des impôts fonciers.

20. Prévoir une clause sur le démantèlement.

ANNEXE 6

Références utiles

Sources gouvernementales

Bureau d'audiences publiques sur l'environnement
   www.bape.gouv.qc.ca 418-643-7447
Rapport n° 109 (Parc éolien de la Gaspésie, 1997)
Rapport n° 190 (Parc éolien Murdochville-Cooper et Miller)
Rapport n° 217 (Parc éolien Baie-des-sables et Anse-à-Valleau)
Rapport n° 231 (Parc éolien à St-Ulric, St-Léandre et St-Damase par Northland Power)
Rapport n° 232 (Parc éolien dans la MRC de Rivière-du-Loup par SkyPower) .
Rapport n° 233 (Parc éolien dans la MRC de Matane par le Groupe Axor)
Hydro-Québec:
   www.hydroquebec.com/comprendre/eolienne
   www.hydroquebec.com/tansenergie/fr/commerce
   producteurs_privés.html
   www.hydroquebec.com/distribution/fr/marchequebecois/
   index.html
Appels d'offres et documents qui s'y rapportent; cadre de référence relatif à l'aménagement de parcs éolien en milieu agricole et forestier.
Ministère des Affaires municipales et des Régions
   www.mamr.gouv.qc.ca
   Orientations du gouvernement en matière d'aménagement: pour un aménagement concerté.
   Orientations du gouvernement en matière d'aménagement pour un développement durable de l'énergie éolienne.
Ministères du Développement durable, de l'Environnement et des parcs (MDDEP)
   www.mddep.gouv.qc.ca

Programmes de conservation du patrimoine naturel en milieu privé

Commissaire pour assister les MRC lors de consultations sur la planification du développement éolien.

Ministère des Ressources naturelles et de la Faune (MRNF) www.mrnf.gouv.qc.ca

Politique de développement éolien (incluant les décrets du 9 février 2007)

Centre de données sur le patrimoine naturel du Québec

Plan régional du développement du territoire public, volet éolien, Gaspésie et MRC de Matane

Guide pour la réalisation d'une étude d'intégration et d'harmonisation paysagère : projets d'implantation de parcs éolien en territoire public

Guide des bonnes pratiques forestières

Guide d'aménagement des boisés et terres privées pour la faune

Loi sur la conservation et la mise en valeur de la faune, LRQ, c.C-61.1

Loi sur les espèces menacées et vulnérables LRQ, c.E-12.01

Stratégie énergétique du Québec

Associations

ADEME (Agence de l'Environnement et de la Maîtrise de l'Énergie), www2.ademe.fr

ALME (Agence locale de la maîtrise de l'énergie), www.alme-mulhouse.fr/presfr.htm

Associtation canadienne de l'énergie éolienne, www.canwea.ca

Association québécoise de la production d'énergie renouvelable, www.awper.com

Centre Hélios, www.centrehelios.org, 514-849-7900

CRERQ (Les Coopératives régionales en énergie renouvelable du Québec), responsable : Martin Gagnon http://eolien.uqam.ca/crerq.html

CREBSL (Conseil régional de l'environnement du Bas-Saint-Laurent), www.crebsl.com, 418-721-5711

FCM (Fédération Canadienne des Municipalités), www.fcm.
   ca/french/gmf_f/gmf-f.html
FQM (Fédération québécoise des municipalités), www.fqm.ca,
   418-651-3343
Greenpeace, www.greenpeace.ca
Nature-Québec, www.naturequebec.org, 418-6482104
RNCREQ (Regoupement national des Conseil régionaux de
   l'environnement du Québec), www.rncreq.org
SPQLibre, www.spqlibre.org
UMQ (Union des municipalités du Québec), www.umq.qc.ca,
   514-282-7700

Autres sources d'informations

Blogue sur l'éolien de Martin Hétu, www.blogue-energie-
   eolienne.org
Blogue de Stephan Patenaude, www.conseillermunicipal.
   blogspot.com
Cain-Lamarre-Casgrain-Wells (architectes consultants en
   éolien), 418-545-4580
Centre Agrinova, www.agrinova.qc.ca
Chaire d'études socio-économiques de l'UQAM
Responsable du dossier : Gabriel Ste-Marie
L'éolien dans le monde www.energies-renouvelables.org
Gipe, Paul, *Le grand livre de l'éolien*, Éditions du Moniteur,
   Paris, 2007, 512 p.
Le groupe éolien de l'UQAR (Université du Québec à Rimouski),
   www.atieolien.com, 418-723-1986, poste 1590
Site français des opposants aux développements éoliens
   industriels, www.ventdubocage.net
Technocentre éolien Gaspésie-Les Îles, www.eolien.qc.ca
WELFI (Wind Energy Local Financing, www.welfi.info/fr/
   index.htm

LES AUTEURS

Roméo Bouchard
Diplômé en philosophie et sciences politiques, enseignant, journaliste, agriculteur et agent de développement, il est ex-président et co-fondateur de l'Union paysanne et auteur de *Et le citoyen qu'est-ce que vous en faites, Plaidoyer pour une agriculture paysanne* et *Y a-t-il un avenir pour les régions?*

Jean-Louis Chaumel
Jean-Louis Chaumel est membre du groupe éolien de l'UQAR, la plus importante concentration d'expertise universitaire en énergie éolienne au Canada. Il enseigne notamment la «gestion de projets en énergie éolienne».

Pierre Dubuc
Pierre Dubuc est directeur de *L'Aut'Journal* et auteur de nombreux ouvrages, notamment *SPQ libre: manifeste syndicaliste et progressiste pour un Québec libre et L'autre histoire de l'indépendance*.

Paul Gipe
Paul Gipe travaille depuis la fin des années 1970 à faire connaître l'énergie éolienne. Il est directeur de la Ontario Sustainable Energy Association, et auteur de nombreuses publications, dont *Wind Energy Basics* et *Le grand livre de l'éolien*.

Gaétan Ruest
Gaétan Ruest est maire de la ville d'Amqui. Il est porte-parole officiel de l'UMQ en matière de développement d'énergie éolienne, et très impliqué au sein des Coopératives Regroupées en développement d'Énergies Renouvelables du Québec.

Gabriel Ste-Marie
Gabriel Ste-Marie est économiste et responsable du dossier éolien à la chaire d'études socio-économiques de l'UQAM. Ses travaux portent sur le secteur énergétique.

LES ÉDITIONS
écosociété

Faites circuler nos livres.

Discutez-en avec d'autres personnes.

Inscrivez-vous à notre Club du livre.

Si vous avez des commentaires, faites-les-nous parvenir ; il nous fera plaisir de les communiquer aux auteurs et à notre comité éditorial.

Les Éditions Écosociété
C.P. 32052, comptoir Saint-André
Montréal (Québec)
H2L 4Y5

Courriel : info@ecosociete.org
Toile : www.ecosociete.org

NOS DIFFUSEURS

EN **AMÉRIQUE**   **Diffusion Dimédia inc**.
539, boulevard Lebeau
Saint-Laurent (Québec) H4N 1S2
Téléphone : (514) 336-3941
Télécopieur : (514) 331-3916
Courriel : general@dimedia.qc.ca

EN **FRANCE** et   **DG Diffusion**
EN **BELGIQUE**   ZI de Bogues
31750 Escalquens
Téléphone : 05 61 00 09 99
Télécopieur : 05 61 00 23 12
Courriel : dg@dgdiffusion.com

EN **SUISSE**   **Diffusion Fahrenheit 451**
Rue du Lac 44
1400 Yverdon-les-Bains
Téléphone et télécopieur : 024 425 10 41
Courriel : diffusion@fahrenheit451.ch

Achevé d'imprimer en avril 2007 par les travailleurs
et les travailleuses de l'imprimerie Gauvin, Gatineau (Québec),
sur papier contenant 100 % de fibres post-consommation
et fabriqué à l'énergie éolienne.